獨味誌

◉馮傑／著

聯合文叢 612

紀念姥姥和母親

目次

輯二　非炒

輯三　非烹

輯四　非炸

【推薦序】

一種庶食的人生詞典

方梓

《獨味誌》是庶民飲食書寫，更確切說是中國河南庶民的飲食人生。馮傑以小博大，以微見深，書中以家鄉河南的吃食談起，從母親、姥姥、姥爺、姑姥爺……由家延伸至村、縣……如漩渦一圈圈向外擴散，也一圈圈由外向內緊縮，紮實饒趣的從人談吃，從家談做菜吃飯，從社會談飲食的歷史，更從政治反諷庶民的聊不聊生。民以食為天，但是從黃帝以降，每個朝代大都讓人民過著昏天暗地的生活，吃飽就成了一般人終生的目標。

現在吃飽不是問題，就來看馮傑書中的庶民百姓在飢荒挨餓中如何覓食如何「開發」食物，〈喉鹹，喉鹹〉中談到「鹹是一種生活裡的策略。鹹可以解饞，可以放很，可以度日，減少吃食，以喝水代替。賬怕細算，就屬於節省食的一種方法。」吃麵食最重要的是「頂饑」，所以饃、餅就有「壯饃」、「壯餅」，比麵條要來紮實耐餓，因而可以壯膽。

而最可怕的饑餓竟是「撐死了」，一九五八年「饑饉年代，我們村裡田野的草籽、榆樹、村莊裡的麩糠、花生皮都吃完了，到後來，觀音土、骨頭、羽毛、磚頭、瓦片、櫞檁……，甚至一個個村子也被饑餓的大嘴哢哧哢哧嚼完了。……這一天東頭一家大人弄來一輪陳年的花生餅，家裡的孩子覺得軟和，就開始大嚼……聽到『噗』的一聲，肚子夜間撐破了。」、「我姥爺對我說過榆樹皮的吃法。先用錘子打，再用鐮刀把榆樹皮剝下，去掉外面老層，將裡面的白層剪成片段，曬乾、搗碎，攙到花生皮裡或糠裡，做成饃，怕鬆散，就雙手捧著吃。」

既然是庶民的飲食，大概都是窮中談吃，從吃粗、吃飽到吃巧。〈烙餅要用刨花〉就算只是一張烙餅也有手工的巧思，「烙餅的火必須要四平八穩才好控制住。尤其是烙乾餅。我姥姥 把家裡的火細分，分為「軟火」、「硬火」兩種，非常講究專業。像楊槐木、松木、梨木、棗木屬——硬火；麻秆和草木類多屬——軟火，氣質平。如果使用大火、急火這些硬火，容易把一張好餅烙糊發黑；烙餅最好是用麥秸，麻杆，尤其用刨花最好。

而書名「獨味誌」也頗有玄機／心機，是飲食文化演變的誌述，還是獨特飲食書寫的明志（如跋中〈不必討好人世間所有人的口味〉）？馮傑在跋裡開宗明義說本書是他前一本著作《一個人的私家菜》的餘味：「不同處在於前書裡說的是主菜，這裡講的多是輔菜。一把菜刀切文字時掉在案下的碎屑。」也宣明：「我不討好別人的舌頭和味蕾，只照自己的記憶來，做菜烹文，把玩腕底手段。」

不引經據典，捨棄飲食文學書寫經常使用經典、旁徵博引，也是「獨味誌」的獨特處。馮傑旁徵博引最多的是「姥姥和姥爺」及村人的說法及鄉野傳奇，雖無經典「蓋印」，也無名人「掛保證」，卻鮮活有趣。筆下的庶食、鄉食「肚痛帖口蒜燜麵條」、「大刀麵」、「變蛋」（皮蛋）……都是生活的哲學與思維。

在馮傑的「鄉野考究」下，有幾處與台灣的用語十分相似，如河南「叨菜」本是舉箸，夾菜，入口（就是吃），延伸的意義是「在哪兒謀事」，和台語裡「吃頭路」（工作）意境相同；茄子在馮傑河南家鄉唸成「橋」，台語的茄子也和「橋」同音，紫色，台語就唸成「茄子色」（橋仔色）；河南脂油渣的食用與台灣豬油粕相似……。飲食文化有時是沒有藩籬的。

本書的分輯十分特別；全書分為四輯「非煎」、「非炒」、「非烹」、「非炸」，每輯看起來是單一選擇，事實上是複選。「非煎」就是除了煎，燒烤涼拌都可以；「非炒」則是煮的蒸的烘的；「非烹」就是獨特的料理，險峻有風味；「非炸」除了油炸，其它都可以。這是作者的巧思也獨特的用意，有別於其它飲食書寫的分類。

本書中馮傑說與上一本書「固定味道的延續」應是人生的哲思，這也是馮傑在飲食書寫的特色之一，從小人物看天下，從姥姥、姥爺的人生經驗積累處世原則，一種庶食人生的詞典，也是從馮傑對飲食文化透濾後的思維。

馮傑用冷靜、剔透、風趣、暗諷等文字書寫庶民飲食人生，讓庶食更有可觀、可思之處。

輯　一

非煎

A

邨語

我們村諺語曰好者好
誤者誤玩鵪鶉的不打鬼
是說玩清的涇渭分明也 鴻傑又注

誤者誤句應為
惡者惡之誤
甲午芒種又注

鵪鶉誌

世界上專業玩鵪鶉者
計有唐僖宗李儇南唐
後主李煜宋徽宗趙佶南
齊帝蕭寶卷明武宗
朱厚照諸大人以後再玩
鵪鶉者多是附依權貴
的發燒友 甲午初立傳鴻傑

鵪鶉記

甲

如單說世間好吃的標準，你不要參照《聖經》和《金剛經》，上帝和佛祖都不胡亂來吃，尤其不吃豫菜。你要參考我姥爺常說的一句美食格言：「論吃飛禽，鵓鴿鵪鶉。論吃走獸，豬肉狗肉。」

此言一出，就徹底框定了味蕾愉悅的範圍。

對於村裡多數戶家來說，豬肉是熬一年到春節才能輪到大吃一次，我們恭稱「大肉」（我奇怪，北中原語系裡咋就有小肉一說？）。對於我，裡面四種之一的鵪鶉卻可以實現。鵪鶉在二十四節氣裡時常飛來飛去。

我姥爺另外還有一格言，曰：「天上龍肉，地下驢肉。」不過此時不能跑題說驢，必須來說鵪鶉。

乙

話說鵪鶉予人以智慧。我二大爺當年在傅作義手下當排長，兼炊事，兼背黑鍋。他也說過：「吃鵪鶉可以使人聰明。」

我在鄉村上小學，成績不佳，我就想聰明，我想討好老師。一放假就想慫恿我姥姥到離我村五裡開外的張堤村去走親戚，要找我姑老爺，他有一張鵪鶉網，他會玩鵪鶉。

我姥爺概括這世間人類的癖好，是「好者好，惡者惡，玩鵪鶉的不打兔。」講職業分明。

一年四季，張堤村的我一位姑老爺就腰挎鵪鶉布袋，每次鬥鵪鶉必出場，他說鵪鶉按年齡與身上羽毛成色分為處子，早秋，探花，白堂四個級別。他是方圓十里一雅士。雅士說：鵪鶉以清燉最好。

譬如，鵪鶉可以和枸杞，和人參，和冬瓜，和栗子，和山藥，和蘿蔔等等元素結合。總之，一隻鵪鶉除了不能燉網它和啥都能同燉。

我家那時囿於物質條件，只能白水清燉鵪鶉。這是一道葷菜素製。

曹雪芹寫到賈母，「從鵪鶉上撕一絲肉」。單位為絲，真是小中之小。

丙

下面進入鵪鶉主題。

歷來哪有百姓不交皇糧的？我姥爺撇開豬肉又說過。

那些年，我們村裡年年交公糧，人民公社美其名曰「愛國糧」。一年下來，打下來的麥子最後剩下百十來斤，除了夠餵鵪鶉，還剩下了一顆「愛國心」。

這天下晌收工，我姥爺有閒，給我講過一齣元人散曲小令，說的是世間如何尖刻相。忽然，就翻出來了一隻鵪鶉。

「奪泥燕口，削鐵針頭，刮金佛面細搜求，無中覓有。鵪鶉嗉裡尋豌豆，鷺鷥腿上劈精肉，蚊子腹內刳脂油，虧老先生下得手。」

準確說是裡面說到了一副鵪鶉嗉。

這時我二大娘來送一張簸箕，恰恰聽到，簸箕放下了，卻聽得半明不白，疑問道：「你說的這老先生是李書記吧？」

那一年，李書記帶領滑縣「革命工作委員會」在我村住隊。在開展「清理階級隊伍運動」。喝酒前，他讓我逮過鵪鶉。

2012.11.9　客鄭

不狩不猎
胡瞻爾庭
有懸鶉兮
詩經的也
如今掛滿
的不止鵪鶉了
馮傑又觀為之
補白
衣若懸鶉
杜詩有的
鶉衣寸寸針
丙申初春養鵪鶉一隻也並記
鶉衣是貧樸中的行為藝術 馮傑

鵪鶉的誘惑

調理鵪鶉叫「把鵪鶉」。我姑姥爺會把鵪鶉，名聲很遠，連道口鎮的閒人也都知道。

秋霜一過，大地就白了。棉花地裡的鵪鶉走動得最多。未拔的棉花棵叫「花柴」。秋後冷清苗兒的時辰，姑姥爺扛著捕鳥網和幾架鵪鶉籠便會上花柴地。露水蹚濕了布鞋。

安插上竹竿，設計好網，最後掛上引誘的鵪鶉籠，姑姥爺便在暗處靜靜期待。籠裡有一隻母鵪鶉，姑姥爺稱為「誘子」。我後來知道，這誘子相當於漢奸。

姑姥爺的菸癮很大，搓搓手，也得忍住不吸。他開玩笑說，有屁也得細放。

當誘子的鵪鶉多是昨夜掛在燈光下照了一夜，讓燈光便刺得一雙小鵪鶉豇豆眼發紅，此時在田野裡開始不住叫喚，叫聲傳到花柴地裡，公鵪鶉聽到叫聲紛紛趕去約會，正中我姑姥爺的下懷，是下網。

以後才開始「把」，就是調理。

將一隻鵪鶉在手裡握著，大拇指和食指圈住脖子，無名指小指夾住鵪鶉腿，讓鵪鶉爪子彈空，使不上勁，便見姑姥爺開始捋鵪鶉羽，捋鵪鶉腿，捋鵪鶉嗉子。走到哪裡調理到哪裡，有一次陪客，喝酒之間，還給我悄然露一下鵪鶉頭。

鵪鶉怕光，把好後的鵪鶉要裝在鵪鶉布袋裡面，繫在腰間。趕集，社交時帶著。

每次在走親戚的路上，我姥姥嘲笑我的拖遝相時，會拿出一個比喻：「看，像你姑姥爺的那個鵪鶉布袋。」

北中原鵪鶉膽小。

那一年秋天。我跟著姑姥爺拿過一次鵪鶉，在露水裡，我忍不住咳嗽了一聲，大地安靜，羽毛縮進暗夜裡了，驚得鵪鶉一夜皆無。

姑姥爺彈下鞋上露水，遺憾地說：黃瓜菜涼了，明天你不能給李書記按時送鵪鶉了。

2016.2.2　客鄭

爊（一種田野方式）

這個爊字音讀「熬」。看字形像火熬一鍋鹿肉湯。不像是燉鵪鶉。

有熬菜。有不是熬湯的熬，就叫爊。

爊的古意有另一種行為。把一隻小雞或鵪鶉用泥巴裹住，放在一堆灰火裡煨熟，揭開再吃。在村裡，爊純屬一種打野食兒的行為。

在村外拾柴禾，大家覺得時光單調，紛紛奇招迭出，燒過螞蚱吃，燒過毛豆吃，燒過嫩玉米吃，都是素食素事，次數一多，便不出新意，總覺得有一些《水滸傳》裡李逵、魯智深們說過的感覺——「口中啖出鳥來」。我突發奇想，必須要來一些葷食葷事。

燒馬，燒驢，燒大象，這些大物件憧憬一下就行了，落實到實處的只有燒一下小雞。

捉雞有兩種方法：一是徒步攆雞。我有此項競技經驗，全村再有耐力的公雞也經不住兩里的路程，你只要耐心盯住，緊趕慢追，牠會最終服軟。二是釣雞。用一條絲線拴上一隻螞蚱作誘餌釣雞。村外經常走動著三三兩兩閒散的公雞、母雞。多採用前者。

得手自然不在話下。把雞整理乾淨，開膛破肚，無須褪毛，稀水和泥，用泥巴裹一層，挖一方土坑，填滿燒透的灰火，把雞埋在裡面開始燜。這叫爊。

等大家把籮筐裡的柴禾拾滿歸來路過，暗坑裡的一隻小雞正好燜熟。

有了這個不可告人的秘笈，村裡的孩子都樂意去村外拾柴禾。別有用心。

也有大意失荊州的事例，有時回來，刨開土坑一看，燒熟的雞真的飛掉了。知道有人早在暗處盯哨，竟提前一步下手了。

更壞的結果是高人埋一泡屎等你下手。

村裡人都說近段不斷有丟雞事件，懷疑是鄰村那些騎車收雞者。我二大娘家丟過一隻蘆花雞，那是她經濟來源的一部分，一年裡生活物質來源於那一方雞屁股眼。她在街上遊行，拍著巴掌罵了兩天，從村東罵到村西，不漏掉一塊磚。我們背著籮筐路過村口，正好撞見，大家躲閃不及，鎮定，急忙安慰她說：

「這些天我們在村外拾柴禾時，多次看到有兩隻黃鼠狼在眼前穿過，它們來去可都是一溜小跑兒。」

2014.5.11　客鄭

B

簸箕柳再記

——村茶小簡史外篇

中國茶的地理邊緣線最北在河南大別山。

北中原不產茶，小時候在村裡一直沒有喝過茶。我姥爺注釋道：「喝茶破費，過去只有道口鎮那幾家地主老財家才喝茶。他們喝喝，倒倒。最後是喝的還沒有倒的多。」

又說：「喝貴茶還不如吃扁食，吃大肉划算。」

一村人一年四季都喝涼水，喝白開水。一股煙熏的草木氣。

有一年父親從里外的長垣縣騎自行車來，給我姥姥家買來一只保溫瓶，銀色瓶膽外面穿著一層竹罩。全家人都寶貝一樣使用。村裡叫姥娘的多，鄰居就有個二姥娘，家裡凡有客人，就串門來借。

我姥姥在後面囑咐著：小心點。

二姥娘就緊緊抱著瓶膽。

我家來了客人，姥姥沖上一碗紅糖，偏要叫黑糖水，色澤濃郁如暗夜，替代茶，算是待客最高禮節。

全村有時喝一種「村茶」，叫簸箕柳。長在河灘，枝條專門用於編農具器物。簸箕柳葉子纖長，葉廓上帶一絲紅邊。穀雨前後採摘，曬乾備用。麥收時節，家家會燒一大鍋簸箕柳茶，用水桶挑到麥地。柳葉在雲彩裡上下起伏。

我多是搶著燒茶。這裡有個秘密：比起在烈日下割麥，燒茶是件偷懶的活，在灶上用柴燒，簸箕柳茶便粘有一種炊煙的味道，柳葉子煮出來的茶湯金黃，透亮，竟有點像童子尿。

二〇〇九年我到京城出差，在一家叫「天下鹽」的四川餐館，開店者和我同行，是一位二流詩人，卻有一流情趣，他別出心裁，拿出來一種只限於他家的村茶待我。茶葉子模樣粗糙，大大咧咧。我嚐一口，接近當年簸箕柳葉味。同味相吸。

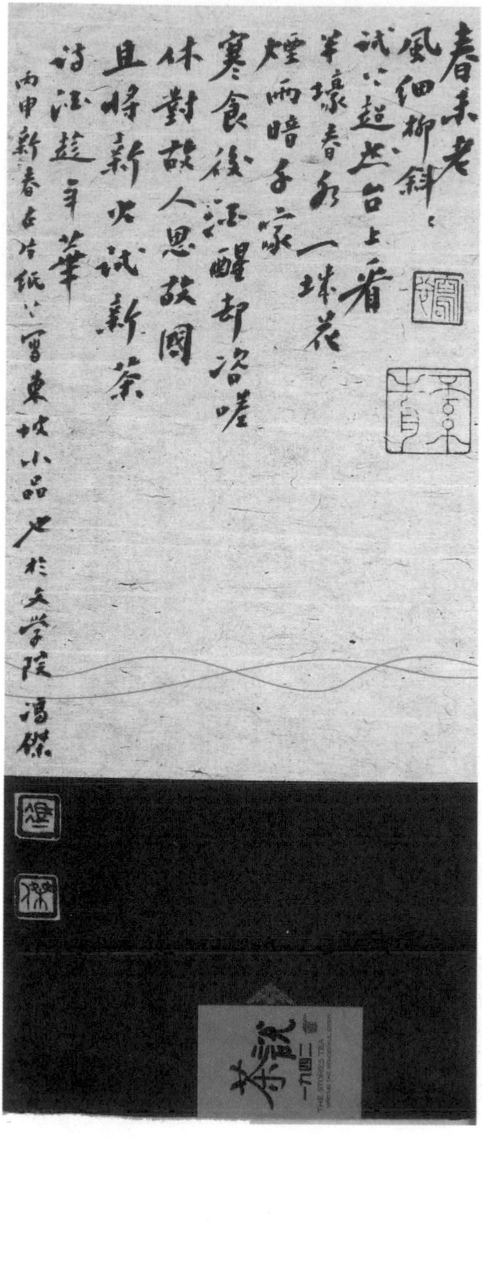
春未老
風細柳斜斜
試上超然台上看
半壕春水一城花
煙雨暗千家
寒食後
酒醒卻咨嗟
休對故人思故國
且將新火試新茶
詩酒趁年華
THE STORIES TEA

他說：在京的四川人老遠打車來，為飲一口這家茶。

回到村裡，我問二大爺，還有簸箕柳嗎？

二大爺一怔，想想：「哪還有簸箕柳？連河灘上空地都開發完了，再說編笆斗的馬十斤不在了，如今大家也不會編簸箕，擰笆斗了。」

看來，這雅念想一下就算是有了。

二大爺開始要領我開胸懷，展眼界，看縣裡推廣的「社會主義新農村建設」。

我看到村外幾處新區連著，一片叫「歐洲小鎮」，一片叫「愛麗香舍」。另一片正在建，十多台吊車騰空，張牙舞爪。像一隻隻鋼鐵烏賊。一位民工說，建成後要叫「家在巴黎」。

二大爺隨口問：「你說，巴黎是一種啥梨？」

二大爺悵然說：「當年這樓下都是一池一池的魚，一坑一坑的藕。」

二大爺最後說：「這名字真他娘繞口。還不如叫簸箕柳區直截了當。」

2012.4.13　客鄭

薄荷語錄

鄉村日子的熱鬧全靠一些瑣碎元素來配合支撐。譬如植物細節。

在我家牆角，薄荷開始是謙卑的樣子，根鬚慢慢傳遞過來，敲打震醒著其它根鬚。忽然，有一天就冒出頭來，讓你全然不知道。全株清氣通體。風格獨異。

我姥姥說過，尤其是在「麥罷」，熱鍋燎灶時能貼一片薄荷葉最好。屬清涼的道具。常見她做飯時掐兩片薄荷貼在額頭。

我姥姥向我說：你也試試。

我就唾口唾沫，薄荷葉子才粘上去，果真是一小片的局部清涼。一時清心明目。

薄荷使人自警。課堂上如果被一道四則混合運算纏住手腳時，鎮靜，這時薄荷能出現最好。

薄荷可以拌麵蒸吃，在我家多是涼調。因為蒸吃就失去那種獨有的味道，一籠的獨裁之下，和其它菜味無異。它不適蒸吃。以涼調為佳，一碗撈麵條澆上熱鹵，加入黃瓜絲了，還不能算最十分恰當，最恰當時刻是有幾片薄荷點綴，白上添綠，像將軍的領章，大有神來之筆。玉匠大師做工時的借勢就是如此。

薄荷不可多吃，超量後它會消解味蕾，麻痹口感，讓你對其它菜蔬遲鈍。

吃薄荷麵條只是明吃，一個暗處的好處是還治感冒。

除了種薄荷，我家還種有藿香、石香，從植物親系來判斷，諸香像是薄荷表親。沒有望眼欲穿的草木本領你快速分辨不出來。

薄荷只能稀少地在院子角落裡出現，如果種一千畝薄荷一萬畝薄荷用來抒情，真是一件荒誕的農事。

即使一棵，我會用眼睛來撫摸那些草木的味道。在瞳孔裡：一片薄荷，一隻斑

種菜記

昔日劉玄德種菜 有蔓菁蘿蔔白菜
曹操說且慢看這小子如何表演 氵不書
吾四十多年前在北中原聽三國 丙申 馮傑

鳩。

青年時代上學，我曾遇見一位姑娘。父親是火車司機，她記憶裡鐵軌上長滿薄荷，她小時候一個名字叫薄荷。

很是突兀。我白她一眼，不滿地問，妳怎麼能叫薄荷呢？

2012.11.2　客鄭

白饃，是一種身份象徵

「白饃」專指白麵饅頭。這話一說就等於白說。

在村裡，玉米麵蒸的饃叫黃饃。其它饃叫雜麵饃、黑饃、黑窩窩。這種歸類編制上近似正規軍、偽軍、雜牌軍之稱謂。

吃白饃除了是一種自身需求，還是一種身份的象徵。只有公職的國家幹部平時才能吃白饃。我五歲到十歲之間就懷抱理想，理想並且是兩種：一是能在天安門城樓端大碗吃雞蛋撈麵，另一個是一年四季一日三餐能吃白饃夾肉。

學習不下苦功夫時，班主任孫老師說：「大家要好好念書，考上大學天天有白饃吃。考不上只能吃『窩窩』，一輩子跟在牛屁股後打坷垃。」後一句我就不翻譯了。

他一說多話就流口水，尤其女生不喜歡他。

不能用現代眼光來看舊日，歷史觀不能超越。我少年時代，就這兩個理想：撈麵和白饃。

平常人家春節時吃白饃。我姥姥恭敬地把饅頭稱為「供饃」，白饃是只有節日上供時才使用。不能給祖宗上窩窩。擺三堆白饃在供案上，一直放到白饅頭開裂，像鈞瓷炸瓷開片。下供的饅頭用於掰碎泡饃水，這種吃法有個專業術語，叫「熋饃水」。

村裡，一個人只有生病休養時期才能配吃「熋饃」。其它是老人，孩子。幾種饃類裡只有白饃能去擔當「熋饃」之大任。

痖弦說過一個舊日他豫南老家和貧窮有關的鄉村笑話：背景是鄉村三個孩子玩累了，要回家。

甲童說：我要回家吃饃了。

乙童說：還沒過年你家都吃饃？

丙童說：啥叫饃？

素面
乙未夏
於聽荷草
堂記馮傑

有一天在鄭州一條街道，我湊朋友的車趕一應景飯局。在東里路拐彎處開窗，正好飄出饅頭味道，饃鋪緊著傳出一聲吆喝。忽然悵惘，想到我媽蒸的白饃。一朵朵像白蓮花在一盞黃昏的燈下晃動。

我叫道：停，停下。

我下車出來，買了一個白饅頭，一個剛出籠的饅頭，能印出手紋。這是我在客居謀生的城市裡第一次這樣吃白饃。白蓮花在黃昏凋落。

吃後留有一絲遺憾，我沒有聞到我媽蒸的那一種酵母味。

2014.5.12　客鄭

注釋和延伸（**作者建議**）：

從此處可從文字拐彎，直接讀本書「單四章」最後一篇《蒸饅頭的酵母》。

鱉事萃

釣鱉誘餌最好要用「除川」（我們對蚯蚓稱呼），其次用碎肉，麵團，熟玉米粒，有時還可用蛆，會有一點劍走偏鋒之效。

我一直沒有釣過龜。龜有靈性，充滿文學氣息。我知道唐詩裡有一隻李龜年。他穿行在正是江南好風景的空間。我釣過李龜年。

前年在廣州旅次，看到一個旅遊點放生池，生意火爆，放生處的小姐們認真敬業，在出售的龜背上，刻著放生主人的名字，這樣可百年千年永恆。放眼看去，一時池子裡便遊動著「趙某某」、「李某某」、「張某某」、「王某某」。

他們在荷花裡遊動。

在我們村裡，有民間單方，老鱉，治疝氣；老鱉，治脫肛。

三十歲前，我一直分不清鱉和龜。三十歲後，逐漸才分清鱉和龜。知道龜是老鱉的堂兄。

龜和鱉不同，我試過，龜字繁體十七畫，鱉字繁體二十三畫。照中國特色，筆劃少的一般要排在前面。按姓氏筆劃為序。譬如：一把手，二把手，三把手。舉此例全是為證明龜貴鱉賤。

有一個京劇叫《釣金龜》。唐朝武后改官員所佩魚符為龜符，魚袋為龜袋。三品以上龜袋用金飾，四品用銀飾，五品用銅飾。是說官越大身上掛的老鱉的堂兄越大。

可見金龜可指用金製成的龜符，還指以金作飾的龜袋。後，金龜婿代指身份高貴的女婿。

在鄉村裡，鱉肉、狗肉、驢肉都不登大雅之堂，過去老鱉肉村裡人都不吃，嫌棄其醜陋，認為端不到桌面上，現在鱉開始有面子了，一隻隻冠冕堂皇出入高級宴會，酒店價高得出奇。鱉肉滋陰湯，鱉肉補腎湯，鵪鶉蛋燴鱉，二母燉元魚，霸王別姬等等。那些裙邊，骨針，都是集一世精華。

縣委一個工作隊下鄉檢查，平時工作隊多吃小雞。中午宴席，安排一次團魚宴，服務員端上一盆「枸杞燉鱉」，秘書平時習慣了，想讓領導先吃，以示尊重。秘書執筷，探入湯盆上作一按鱉狀，呈恭敬態，他對書記說：

「李書記，你先動動，你先動動。」

李書記聽後，不動。

2012.11.16　客鄭

必備的器物

進廚房，常存恭敬；
敬灶王，口念真經。

——《東廚司命灶君真經》首句

蚯蚓在地下建造屬於自己的房子。

——馮傑詩句

「草房子大於宮殿」，我姥爺說。

「金窩銀窩，不如自家的狗窩」，我姥姥說。

我說：我家廚屋菜蔬的親切可媲美於乾隆皇宮「三希堂」書法之亂。這都是敝帚自珍的實例。

理想的廚屋空間多作以下安排。

桌子一張，案板一方，菜墩一方（柳木榆木最佳，有清甜氣；楝木槐木則不可）。擀麵杖一根，小擀杖一根（碾花椒麵），菜刀一把，擦床一把，鏟子一把，青花粗瓷碗一摞，碗櫥一架，銅勺一把，小勺子十把，筷子十雙，餃子叉兩個，筷籠一方（柳編或木製），白盤子四面，大鐵鍋一口，小炒鍋一口，平底鐺（我姥姥發音讀cheng）一面，鍋牌三個，圍布一條（防止蒸饃洩氣），水甕一面，水桶一對，水瓢一把，水壺一把，小鹹菜缸一面，肉鉤一把，餄餎床一張，和麵瓷盆一個，鋁水盆一個，竹篦一個，笊籬一把，饃筐一個，饃籃一個，抹布兩方，水裙一件，鹽罐一方，紅薯醋一壺，豆油一罐，小磨香油一瓶，醬油一瓶，面缸一方，酵母一包，生薑四塊，蔥一把，乾辣椒一串，大蒜五咕嘟，花椒一盒，茴香一盒，陳皮一盒，胡椒一袋，紅糖一瓶，滑縣「冰糖春」一瓶，小碟子兩個，蒜臼一個，蒜杵一把，蒲墩一方，檯燈一盞，火柴一盒，北牆上灶王爺神龕一座，灶王爺奶並坐神馬一張，祭灶日便於神們在月光裡行走。

足矣。

其它應用諸物，觀看季節，當「與食俱進」。

孫中山引用孔子語、孟子語曰：天下為公，天下大同。

有時，不關心時刻會出現多餘元素，是廚房的某種意外。如，忽然進來老鼠一匹。此刻該必備貓一隻。

再講越俎代貓會扯遠。一天，我夢到老鼠啣一塊花生餅，在童年饑餓的教室裡遊走。

2014.10.25　客鄭　追憶

C

吃燒餅的適度

——聽姥爺講述燒餅的中庸

專題來分析吃燒餅。

吊爐燒餅，草爐燒餅，高爐燒餅，都是餅。諸餅叫法不一，說的皆是一種，就是燒餅。

北中原「食物管控區」下的燒餅鋪排在天空，一律發麵製作。使用死麵製作的那叫火燒。是燒餅堂兄。

天下高爐燒餅以夾熟牛肉最是般配，餅唱肉隨。夾羊肉顯得有一種異氣，夾豬肉顯得油膩奢華，夾鹹菜肯定顯得一派窮氣。

烹野一但狹隘，便有次望文生義之舉，前天看到粵菜「打邊爐」以為是打燒餅，喊上來，方知是火鍋。

吃燒餅必須夾牛肉且夾切片之牛肉最佳，夫唱婦隨，珠聯璧合。豫東有一種專門的「垛子肉」，小紅車一推，高過草帽。

燒餅並不是夾肉越多越好，需要一種適度夾法，夾肉程度需憑口薔經驗掌握。當年我姥姥說過：「燒餅夾肉，越吃越瘦。」沒辦法啊，實際正話反說，是簡樸日子裡的一種生活反諷和安慰。

一方燒餅要夾多少片肉才合情合理？村裡算術老師沒有計算過。

我姥爺道說吃燒餅經驗：夾餅不是胡夾。肉夾過多，會掩蓋住燒餅麥香味，讓人吃不出燒餅神韻。肉夾少了則被燒餅味遮掩，麵大於肉，又吃不出牛肉味。

真是一種燒餅辯證法。

萬一你賭氣不夾，燒餅則會更顯遜色。面對一摞上好的燒餅，當代氣派的土豪往往會失去「食智」，我們那裡最大的企業老闆是民營企業家崔天財，一次酒後，他拿出一個燒餅和大於燒餅的大鈔，說：「給夾上一百塊錢的牛肉」。

打燒餅者像爐子，巋然不動。

燒餅的中庸之道不是錢多所能買來，這裡有一道食線，哪怕你是在燒餅裡面夾上一匹煮透的南陽黃牛。

2014、12.13　客鄭

補段：

一千多年前，我的詩人老鄉杜甫漂泊耒陽，在湘江一條孤舟之上抗爭饑餓，縣令送來牛肉。此時詩人屬只有牛肉而無燒餅。故，脫水失衡，享年五十八歲。存目。

吃石榴者言

淺說一下吃石榴。

我吃過的石榴品種可數，有四五種。陝西臨潼石榴，個大，色豔，吃過滎陽河陰石榴，無籽，軟籽。這些石榴都有個性。世間人民群眾說它們是貢品，定位極高，相當於是說當下著名的人物也就是說它們一顆一顆是著名的石榴。

吃了無數石榴，印象最深的還是姥爺在自家門口種的那一棵白石榴樹。它開白花。它結白籽。我吃時說白話。中國第一首白話詩和蝴蝶有關。

榴枝婀娜榴實繁
榴膜輕明榴子鮮
可羨瑤池碧桃樹
碧桃紅頰一千年
李義山先說果後說花也
乙未冬於鄭州 馮傑又記

村裡諸多大人很少專門來吃石榴，石榴多走親戚使用，出手排場，一字排開，像繡球。記得我姥爺開玩笑說過：吃石榴不過癮，像是吃蟣子，只聽砰一聲，就沒有了。

石榴既不解渴，不如飲水，也不充饑，不如吃餅。一部《水滸傳》裡面，我從頭看到尾，沒有李逵吃小石榴，常見他只吃大塊牛肉。魯智深也不吃石榴。

想想石榴存在人間的道理，肯定自有石榴的道理。那麼遠，它從西域走來，道路遙遙，征途漫漫，磕磕碰碰，近似下東土傳法佈經，很不容易。

我想出來了，石榴只適合於一個人獨自消磨時光，兩個人來說話，石榴用於調情，細細碎碎。屬於小格調水果。

它要裹住整整一座城堡的甜蜜。

兩個有心人在吃石榴，慢慢來剝，急不得，石榴皮是苦的，把黃色分辯一下，摳出來一顆一顆的話語，晶瑩，透亮。你說話啊。最後，一顆石榴吃完了，剩下一捧話。人也該走了。

憶多年前舊事舊話，讓人傷感。

2014.10.9　客鄭

餷食

（北中原鄉村食詞解釋之一）

吃飯時不要說話，必須專一。孔子說過食不語。

我姥爺說一個人吃飯速度快，倉促，不講究，而相不好，毫無風度，就叫「餷食」。老人家還舉例，他說在村裡十字口的飯場上瞧瞧，能看到吃飯的有幾個人餷食，有幾個人不餷食？從隊長到社員。

我也餷食。原因是校園鈴聲驟起，響得驚心動魄。我急著上學，一時吃飯就顯慌亂，姥爺說我：「看你吃飯，像豬餷食一樣。」

這比喻是好是壞我自然知道。有一種生動的速度形象。

還有一性質嚴重的詞，叫「狗餷屎」。一般不用。

我家裡每年都要養一腔豬，暮晚刷鍋後，姥姥把一盆泔水倒進石槽，豬進食時，一個勁地用嘴來胡亂吞食，噗嗤，噗嗤，嘴角邊流湯水。豬看到我，深怕我會和牠搶食。

有一年村裡幾家鄰居在北場上集體殺豬，屠手「扁一刀」穿著膠鞋，連著放倒四、五腔豬。我圍著看。看到鐵鍋裡的豬雜碎，豬內臟上佈滿一種「水靈」，殺豬師傅扁一刀說，這是豬餷食時，由於不計熱冷，吃熱食燙傷的。

進食的速度關乎健康。

豬吃食的聲音像一雙膠鞋在搽泥，噗嚓噗嚓，噗嚓噗嚓。餷食這個詞只有用在豬身上形象。羊和牛就不是餷食，它們吃相就比豬雅緻，動物裡吃飯最有風度的要數馬，嚼草聲咯嘣咯嘣，還要同時響起來鈴鐺，像步一種「平水韻」。

說通俗一些，「餷食」其實就是在搶食。

在一個饑餓年代，不僅是豬，更多時是人，苟延殘喘時，人也無尊嚴，要「餷食」。因為維持生命可以不要尊嚴。唯吃唯大。

以後，那麼多人都是為了生計，來在這個世界上一一「餷食」。

2012.12.9

紅桌子
紅桌子不設
鴻門宴也
癸巳初
滔傑

抓食

「抓」在北中原讀作「欻 **chua**」。欻，短促迅速的聲音。抓食是搶食。快速從別人手裡搶出食物，自己吃掉。這是孟崗集上常見一種景象。

沒有出現抓食的集會是不完整的集會。

集會就在我家門口那條街上。我也喜歡趕集，主要是在氣味裡縱橫穿梭，這是一種食物享受，裡面包括目食，耳食，鼻食。每次會上，我都看到「傻三孬」站在趙小四的炸油饃鍋邊，專注地看趙小四在炸油饃。喉頭一動，嚥下一口唾沫。

金黃的油饃在筐裡越疊越高。趙小四被看得不耐煩了，怕影響生意，馬上用筷子夾個炸焦的小油饃，杵給傻三孬：「滾一邊去吧。」

傻三孬不怕熱，一口吞下，抹抹嘴，會再換一個食物攤子，繼續專注來看。一條街上，從東到西有十家油饃鍋，十家餄餎床，十家肉鋪子。

傻三孬的抓食方式雷同。看到買食物者從攤子上離開，他會跟隨在那人背後，趁其不備，出手就抓，抓到就跑，找到一個偏僻地方吃下。來不及就邊跑邊吃。

一般人不會較真，頂多罵一陣。有紅臉的，那一次搶了孫好武一串油饃，孫好武揮拳一頓暴打，「老子還沒嚐嚐鹹甜呢。」

散會前搶到胡半仙的一串油饃，傻三孬聰明，這次不跑，先往油饃上吐一口唾沫。

胡半仙脾氣好，笑笑。說，拿去吃吧。

2015.12

查茶和數米（一種習慣記）

我的讀書史上。費九牛二虎之力，在鄉村我少年時能讀到的作家如下：以鴉片戰爭前的中國老作家們為多，一九四九年以後的中國新作家次之，外國洋作家數量最是有限，高爾基算是其中一個大作家，他還是革命洋作家。我十五歲時會背誦《語文》裡他的《海燕》。「那是高傲的海燕」。鄉村簡陋的教室，土牆剝落，背景裡有蘇聯的暴風雨。背誦到這時必須要高舉一下手，以便助勢。

印象裡高爾基的鬍子最整齊。有魯迅一般的造型。

革命作家不止單單會寫「高傲的海燕」，少年時我看高爾基三部曲之一的《童年》，一本書翻完了，裡面有一個細節牢牢記住，是說他祖父祖母如何的吝嗇：

平時他們喝茶時候，是把茶葉要查數的，一一數著來喝。一五一十的來喝。

現在細想一下，在不產茶葉的俄羅斯，他們喝的茶是從東方中國運來。茶葉們一片片坐在馬背上搖搖晃晃，緩緩而來。造成這樣數茶方式一點也不為過。草木提神，外國人一直好奇。當我年紀增長後，我才知道數茶是一種簡樸美德。高爾基完全是以孫子之心度爺爺之腹。

我家從來不一一數茶來喝，但是我家一直數米來吃。

我姥爺說，以往的文人，把過日子艱難就稱為「數米而食」。陶淵明不為五斗米折腰那是他家還儲存有五斗米。不折？餓也得餓趴你！

不比過去，即使現在也是。我家就經常數米而食，糧食裡的蟲子南方叫米象，北中原叫麥牛（牛音讀 ou）。

麥子大米在夏天易生蟲，冬天不生。面對生蟲的糧食我姥姥捨不得扔掉，找一個好天氣，把米攤在陽光下，好合好散，讓它們一一爬走，最後也有頑固的蟲子賴著不走，講條件。她會用籮篩一下。

面對一張打滿褶皺佈滿雨點的舊紙，唯一的辦法是要耐心撫平。生活裡我們還要繼續來吃米，吃麥。過那些爬滿蟲子的日子，以及然後需要一一撿走再過趕走後的平常日子。

儘管中國南北對這些小蟲子的兩種稱呼不同。一個叫象，一個叫牛。它們都不是高傲的海燕。

2014.1.8

醋・結構分析

在留香寨村，醋的存在和使用一直保持兩種形式：賒醋，淋醋。我先描述「過去時」。

很少有人家去商店買醋。

經常買醋的人家，在村民意識裡都會覺得手懶，你家連醋都不會淋？含有偷懶不會精打細算過日子的嫌疑。賒醋屬無奈中的一種習慣，日後肯定是要還醋的，只有淋醋人家，才有還醋的保證。年年堅持淋醋的人會讓人對手藝稱善。

在分類上，我姥姥淋醋屬清醋。

它使用範圍廣闊，清醋調涼菜最是般配，如調黃瓜，調白菜心，戳紅蘿蔔絲，調細粉，調根達菜，調菠菜。另一種稠醋只適合蘸餃子。我二大爺還說稠醋易解酒，喝上一口能舉一反三。這兩者是闡述醋的葷素搭配。

村裡有的人家為省糧一天只吃兩頓飯，把最後那頓晚飯省略掉。習慣成自然，一睡解百饑。假如耶穌來到北中原肯定不會被出賣掉，因為北中原不吃晚飯，沒有那道「最後的晚餐」。我二大娘家自有對付晚宴的方式：燒一鍋熱醋水，水開了，冒一鍋白泡，緊著撒上一捏蔥花，算是晚飯。那些碎綠在酸上漂遊。醋鍋周圍是一圈饑餓的眼睛。

舊醋多含酸楚。

醋屬鹼性。中國人如果沒有醋，會比沒有有酒的日子更是日天的災難。

世上回憶多充滿醋意。

上世紀某一年某一天，在芮城旅次，永樂宮壁畫的線條游刃於山西蕎麥麵條之間，那是我看到質量最好的中國民間藝人線條，我曾從圖冊上臨摹過。

它們轉移後，黃河水並沒有拍打宮簷。

我和一位新紅學家吃飯，設備粗糙，端大碗山西好麵，澆上山西陳醋，一邊說醋是「晉食裡的精神」。是米的精神。穀子的精神。黍的精神。閻錫山的精神。

新紅學家長得像薛寶釵，是此時山西的薛寶釵，是我喜歡的那種臉型。她嘲笑我吃陳年老醋，還提問我啥叫醋？

問題平常得有點突然。熟慮後，根據人生經驗，我小心翼翼說，醋就是醋。

失言後，她便小看我。說你這就不懂了吧？大哥，醋就是把酸分子倒入水裡然後融合的一種過程。

2014.12.13　客鄭開《陶淵明的幽靈》研討會之後

D

燈盞的另一種功能

一個村的民俗裡，元宵節一個村的小孩子必須要端燈盞。

留香寨的燈盞是一種麵食。

姥姥提前要蒸幾十座燈盞。大門口兩盞，堂屋口兩盞，廚屋口兩盞，牲口棚前也要放，馬蹄子下也要放。今夜，需要一院子明亮。

燈盞都是由黏麵做就，成分為玉米麵，黍子麵。燈盞裡面放麻油。最後使用完了可以吃。有一股「燎煙氣」。元宵那晚上孩子們紛紛結團串巷，多於黃昏。去偷端別人家門口的燈盞，運氣好的話可連吃五六個燈盞。可謂互偷有無。

我偷燈盞是為了吃。消滅那一盞光明。

中年時才看到李時珍有關於端燈盞的句子：

「上元盜富家燈盞，置床下，令人有子。」

這是治不孕症的病例。不過中間過程我假設了許多環節，情節還是聯繫不上。燈盞的這另一種功能。完全出乎燈盞自己的意外。它們一年只出場一次。

2010.7.13

端燈盞之操作說明：

至於如何來端燈盞？請直接參考「輯三〈非烹〉一章〈麵燈盞〉篇章」。光滿則溢，裡面說盡了燈盞的光亮。一小池的唏噓。

天下大事
天下最大的事情
就是把筷子使好
甲午年初冬得友人
又揮筷也
馮傑又記

多餘的筷語

人一輩子除了筷子不要放下，其它啥都可以放下。

——二大爺灶台箴言錄

我姥姥還堅信村裡有史以來大家都要必須堅持的一個風俗：一個女孩子如在家裡吃飯，執使的筷子位置低，將來會嫁得很近。執使筷子位置高，會嫁得很遠。

距離和婚姻會成正比。有這樣一條婚姻公式。

這有點兒意思。我想，關乎近嫁鄰居遠嫁國外。要不使筷子使勺子使叉子或手抓飯肯定嫁不出去？我有這一想法，只是沒敢說出。

鑒於這個道理，我母親也相信，她不想讓自己的女兒遠走，每次吃飯，總是善意提醒，讓我姊、我妹們要把筷子一定拿端正，再使高一些。大家端坐，不笑。

筷子雖短，在丈量一人一生。世間每一座村莊裡生長的每一縷炊煙裡，都低飛有一種筷人筷語。

井上靖當年到中原考證過孔子是否執筷。

我又找到中原以外的證據：

二十世紀有一年仲夏，我同一位來自遙遠長白山的姑娘相遇在皖南，看陳獨秀種枇杷。枇杷樹上長滿了錯別字。枇杷一酸，說起舊日食事，她和蕭紅同鄉，母親是滿族，和我一樣喜歡蕭紅。在綠皮列車上偶遇，手裡都持有一條湧起相同波浪的《呼蘭河》。

我問：你怎麼要遠嫁內地？千里迢迢，像白求恩？

她淡淡說：筷子使得高唄。

我是一驚：你家也有這一講？

2012.11.14　客鄭

《肚痛帖》和蒜燜麵條——臨帖感

平時治療肚子痛是把不爭氣的肚子貼在一個熱石滾上面。還有一個治肚痛的食療單方，方法簡單，操作得手，可手且可口：

先在碗底放上半勺蒜汁，盛滿熱麵片或麵條，開始來燜。十分鐘後，攪拌均勻，吃上一碗，肚痛即可治癒。

這道麵食在我家俗稱「剩飯調麵條」。有時中午做好，單等晚上調吃。對症多靠經驗和揣測。肚子痛了簡單來吃一碗燜蒜麵條，近似饑療。蒜加熱才能殺菌消毒。我姥姥經常使用此法。在全村推廣，極為流行。

書法家治肚痛則用大黃。大黃有攻積滯、清濕熱、瀉火、涼血、祛瘀、解毒等功效。這六項肚痛原因都有來源出處。

魏晉以前的書法家一般不肚痛。書法家肚痛起自唐。

養志綸神好古
樂道依經守義
溫故知新

就是不讓你放炮

丙申初春於聽荷草堂 馮傑

我臨草書，看張旭《肚痛帖》為證，看到了唐朝的肚痛，帖云：「忽肚痛不可堪／不知是冷熱所致／欲服大黃湯／冷熱俱有益／如何為計／非臨床」。

這是唐代的一次著名的肚痛。有線條在紙上痛。

張旭不知蒜汁燜麵條之妙處，在日常生活裡只有用「大黃湯」代替，大黃不如大蒜平和，蒜有百益，單單對眼睛不好。

如果吃了大蒜，故寫字時，提筆便開始發昏。這是蒜的可怕之處。草書？讓你草不成書。草不成勉強來草那叫裝蒜。

欲知肚疼如何？且看下章分解。

2014.8.11

掿蒜莛・動詞

已沒人用「掿」來發音了。眾人早不知它的專業所涉和指向。

我統計過，從鴉片戰爭到文化大革命這一許多平方的禮拜時間段裡，漢語字庫裡那些古雅之動詞多年閒置不用，字也怕閑，這些動詞自己覺得無成就感，閑坐，便流嘴水，打瞌睡，凝固，死掉。

在我們村裡，講究一點來說，收穫蒜莛就是拔蒜莛且必須叫「掿蒜莛」。謹著手，慢慢往外拔。小心翼翼，心平氣和。像音樂家拉一個音符。

你用聯合收割機電腦來操作，不行。

種蒜是為了收穫下面的蒜頭，而蒜莛的出現是節外生枝，成了意外收入。我有時拔出一條蒜莛，看到底端一段如此鮮嫩，往往會忍不住咬一口。蒜莛新鮮，缺點是多吃會有燒心感。在村裡，我年輕時候，周圍的那些「二百五」們比賽，有時就比賽吃蒜莛。吃一斤，吃二斤。吃得驚心動魄。

不管種多少畝地的蒜，收穫時蒜莛必須要一根一根來摘。仲夏來臨，摘蒜莛最好的時間是中午，氣溫上升飽和之時，蒜苗內部結構開始寬鬆舒展。早晨和黃昏時段都不適合摘蒜莛，氣溫低，是收縮的狀態，嬌嫩的蒜莛會受驚，攔腰折斷，或功虧一簣。要麼它乾脆偷懶不出來。

把蒜莛切段，泡上鹽水，花椒，擠在碗裡相濡一夜，第二天就可以吃。這是最簡單的鹹菜。

歷史上，河南中牟縣是中國美男子潘安的老家，我去鄭州必須路過，要搭車經常穿越「官渡之戰」的古戰場，是當年曹操和袁紹幹架叫　的地方。這裡曾是一個產蒜聞名的蒜鄉，政府多是為面子工程，對農產值業搞「一刀切」，號召家家種蒜，大力推廣，結果失策，蒜賤傷農。十多年前我路過人民政府，看到裡面有一標示雕塑：竟是一頭大蒜。

後來再路過，看到這頭「蒜塑像」撤掉了。

我好奇。

一問，當地有人為我道出隱情：群眾私下裡都說人民政府是在裝蒜。

我耳朵馬上就抖了一下，我知道兔子有這一抖動功能。我沒聽清，又問：你們是說人民政府一直在裝蒜嗎？

2014.5.4　客鄭

大刀麵者言

關公面前耍大刀

——北中原一則關於賣弄的諺語

大刀麵又稱「長壽麵」，如果不是長度的緣故，兩者根本扯不到一塊。說是起源於宋朝。開封人也就是東京人他們開口吹牛，言必宋朝：哪怕是店鋪賣花生仁的經理，也敢說宋徽宗上朝就吃花生糕。後來我知道，經理私自提前了六百年。

那一年堅持打形勢，我去蘭考學習「焦裕祿精神」，當年我爸當小職員年代學習焦裕祿精神，半世紀過去了，我還繼續學習焦裕祿精神。一如含吮化石。一位要好的開封詩人丁發獻先生咬一口紅薯泥，然後說，大刀麵發源於盛產小麥的蘭考縣，幾年前被開封市人民政府公布為非物質文化遺產。

我說，俺縣也產小麥，還是中國的麥都，也有大刀麵，不過是把麵切細而已。開封詩人反駁，你是河北的，我這的是從北宋傳過來的。

說我是「河之北」就是黃河之北。古稱。果然，應了我開頭那句評論開封人的定語。

詩人開始給我講麵，講大刀麵用傳統工藝純手工製作。

麵：搓成絮，木杠壓，成硬塊，盤起回性，擀開一毫米厚薄後，拎擀杖疊起成半圓形。再用擀麵杖擀、推、壓，使麵皮猶如白綾，薄至透明顯影，隔面可觀報紙。「報紙須得黨報」這傢伙此時還不忘調侃一句。

那擀麵杖近一人高。

刀：長二尺二寸，背前端寬三寸，背後端寬四寸，老秤重十九斤。比關老爺的青龍偃月刀減輕六十一斤。

第二步是切：大刀切麵，既細且韌。右手提刀，左手按麵，邊提邊落，起起落落，案隨刀響，刀隨手移。不許咳嗽。細如髮絲的麵條便出來了。

水開下麵，兩滾即熟，澆上做好的臊子即可食用。

夏季用蒜汁、香醋、芝麻醬、小磨油、薑末、蔥花、香油涼拌；冬季澆上用魚、蝦肉、大蔥、生薑等慢火精燉而成的湯汁。

開封詩人最後補充說，麵是主要的，湯就不能用宋朝的啦。

還好，這一位詩人沒有墮落，他還知道下麵忌濁，以清湯為最好。

2014.5.12

E

壬辰年鴻傑

二寫枇杷

——聽荷草堂讀書手箚

距我第一次寫枇杷已有十年，中間我加寫過一次，添上兩行枇杷的注釋。枇杷多產中國南方溫暖多雨地，至今看到寫枇杷最妙的是明初楊基一句「細雨茸茸濕楝花，南風樹樹熟枇杷」。他懂畫面感：一個是紫，一個是黃。北中原過去沒有見過枇杷果，我只吃過滑州藥店「枇杷膏」喝過匡城藥店「枇杷露」。然後，我和嚴冬的樹一樣咳嗽。

鄉村交通不便，只有交通便利處的富裕人家才有吃枇杷這番閒情。對一般平民而言，還沒到枇杷不吃就不活的險峻時刻。

看書，我看到了偌大北方只有山東的西門慶家裡才有一盒子。

只見黃四家送了四盒子禮來，平安兒掇進了，與西門慶瞧，一盒鮮烏菱，一盒鮮荸薺，四尾冰湃的大鮒魚，一盒枇杷果。伯爵看見，說道：「好東西兒！他不知那裏剜的送來？我且嚐個兒著。」一手撾了好幾個，遞了兩個與謝希大，說道：「還有活到老死，還不知此物甚麼東西哩！」西門慶道：「怪狗材，還沒供養佛，就先撾了吃。」伯爵道：「甚麼沒供佛，我且入口無賍著。」

枇杷是供果。神不吃，人就吃。西門慶不吃，應伯爵就吃，他不獨吞，還轉給謝稀大。

《紅樓夢》裡有枇杷嗎？有，是兩個孩子在鬥嘴：這個說：「我有《牡丹亭》上的牡丹花。」那個說：「我有《琵琶記》裡的枇杷果。」大觀園裡的人素質明顯要高，這是講的文學通感。

我家那棵枇杷成熟，早上我還沒醒來，提前來幾隻白頭翁，先把頂梢上熟透的枇杷啄了。等我摘下來，只剩下枇杷核了，如和田籽料。

有的枇杷枝延伸到平臺上，外面臨一條胡同。我摘枇杷時，聽到遊動著一胡同的果販叫賣市聲：「櫻桃熟了——」。「誰要杏——」就是沒有叫賣買枇杷的市聲。要為枇杷吶喊，今年只有我有資格來喊了。

新下的枇杷上有一層絨毛，不必沖洗，一顆枇杷要從後面的蒂處剝皮才符合順序。熟透的枇杷要盛在一方青花瓷盤裡，要帶枝，最是恰當。

油畫畫出的枇杷大都不熟，枇杷果葉易入中國畫。畫枇杷葉子必須畫上中間那一道紋路，像一根魚刺。趁第一次淡墨未乾，緊著用枯墨。

在這個世界上，誰還有心情來用長長的指甲尖挑開枇杷的黃皮，是一種小資產階級的行為，無聊裡透出一絲優雅，近似奢靡之風了。三十一歲那一年夏天，我遇見過這樣一個人。

2014.5.26　院中摘枇杷

耳絲和紅油和它和她（小菜一碟）

李老大燒雞鋪有時也煮豬耳朵。混搭。像小說家兼寫幾筆散文一般自然。魯迅寫小說，也兼寫散文，屬混搭。郭沫若範圍雜，更是混搭。

放學後我就喜歡圍著李老大的燒雞鋪子看他操作豬雜，他是這樣的順序：先刮豬耳，耐心去掉耳垢的小毛，洗淨放入鍋內，加入清水燒開，一邊撇去浮沫，煮至七成爛時，撈出冷涼，算是煮成了。

抄出來入盆開始出售。嚴格說這時只是豬耳朵還不能稱作耳絲。

把豬耳朵切成細絲，淋上香油，涼拌，叫耳絲。這菜是下酒菜。絲是對食物細狀的泛稱，驢耳朵馬耳朵牛耳朵龍耳朵人耳朵切絲也應該稱耳絲，只是多數人沒有機會操刀而已。

耳絲內含脆骨，一嚼，咯吱咯吱滿口響。黃瓜拌耳絲，大蔥拌耳絲，都是珠聯在中原大地也有。

璧合的涼菜。最有名的一道叫紅油拌耳絲。現在它已不只是入川菜館必點之菜了，

我上大學歷史系的時候，寫過《看曹雪芹如何紮風箏》論文，當年女友叫小何，不斷起烘。她是數學系裡的一位跨領域的《紅樓夢》研究者，在今天流行則叫「紅迷」。當年，她一直堅持傳統飲食習慣，一直熱愛林黛玉，她和林黛玉不同的是十分愛吃豬耳朵，還寫過一篇《史湘雲吃過鹿耳朵初考》的論文。當年，每當她伏在我耳邊要說悄悄話，一股小鹿氣息。我開始心驚肉跳。

拌耳絲多屬自家裡食用，關門獨享，缺點是上不了大桌面的。這也未必是缺點。飲食沒有好壞，只有恰當與否。

拌耳絲最大特點是簡潔，快速，方便，它的主要原料：

豬耳朵1對，香菜2棵，蒜苗1棵。調味料：蔥1根，薑2片，酒1大匙。

這只是簡單對豬耳朵記述一下，北中原的耳朵很多，下次我來細緻地說「貓耳朵」更有意思。那是另一種「隱喻麵食」，非真的貓耳朵也。

2014.8.11　客鄭

F

人有一字不識而多詩意一偈不參而多禪意一句不濡而多酒意一石不曉而多書畫意此方為詩意人生也
乙未晚秋客於鄭嘗吸城市霧霾不得不吸也
吸後不得不記也 想起故土清氣
鴻傑

風度和淡定（兼寫北中原米象和涉及一位美國娘們兒）

我三十八歲掛 PP 傳呼機。我四十歲才有一部自己的手機。大年初一，有人手機發短訊拜年，句式大都重複，一讀新鮮，二讀舌酸，三讀嚼蠟，有的竟發的是「二手祝福」。可見幹啥創新都不易。

早上有一條好語言，讓我未刪，那好語言是要我必須「蛋定」。

我一怔，這個人是一位縣級別領導，冠冕堂皇。不像和我插科打諢，我一直認為自己睾丸平靜。十五天後，過元宵節，類似警句又出現。我才恍然：這「蛋定」是讓我「淡定」。要我達到人生某種境界。可見中國當下多數縣級領導都靠不住。近似轉手文件。

手機螢屏不能像草紙般塗改。王羲之才有二十個「之」字不同。現代化錯就錯到黑暗。讓人臉長得隨心所欲。

以上算是引子，下面才是圍繞「淡定」而論。論淡。

我已定型，淡定境界一輩子達不到。少年時想到成熟時自然會有，人到中年心境卻惶恐，長毛，不安。破罐子破摔。

我明白需要一個前提：有風度才能淡定。

週一在去鄭州的路上，班車緩慢如拉一鍋羊肉湯。我一邊看一篇記錄大知識分子蘇珊‧桑塔格的文章。在羊肉湯邊上說這一美國娘們兒是位有「公眾良心」之稱的作家云云，且特立獨行云云，骨子裡桑塔格就有菁英意識云云，比如，在紐約大凡出門必須打車，她無法想像自己要去擠公共車的窘樣，有趣的是，她在大街上瀟灑的一招手，大衣腋下便會露出來一個破洞。

這是風度嗎？在中國叫魏晉之風。衡量風度的標準可短可長，全看你的文化立場個人心境。風度與貧賤，與道德無關。

想起村裡我村孫銘五大爺八十九歲那一年，一輩子硬，頂風尿尿，傲然挺立，不用手扶，這也是風度嗎？

我生活落魄，不像桑塔格出門打車。有次步行到別人宴上，一酒盅碰倒，灑了一桌，是汾酒啊，店小二執巾要擦。我說別，俯首喝下。有人說我沒成色。

我喝沒成色要換桑塔格來喝該算風度可惜她見不到汾酒。

什麼叫鄉村的從容和淡定？大的從容狀態我做不到，譬如我姥爺說過金聖歎就義前吃一把豆子；小的標準我可以參考。我想學我姥姥和米的關係：

吃米飯時，吃出來一個蟲子，挑出來，繼續吃，又吃出來一個蟲子，挑出來，繼續吃，旁若無人，不是是旁若無蟲。這風度的形成與多年裡的家庭貧窮有關。多屬北中原人習性尚如此。

2011.11

輯二

非炒

G

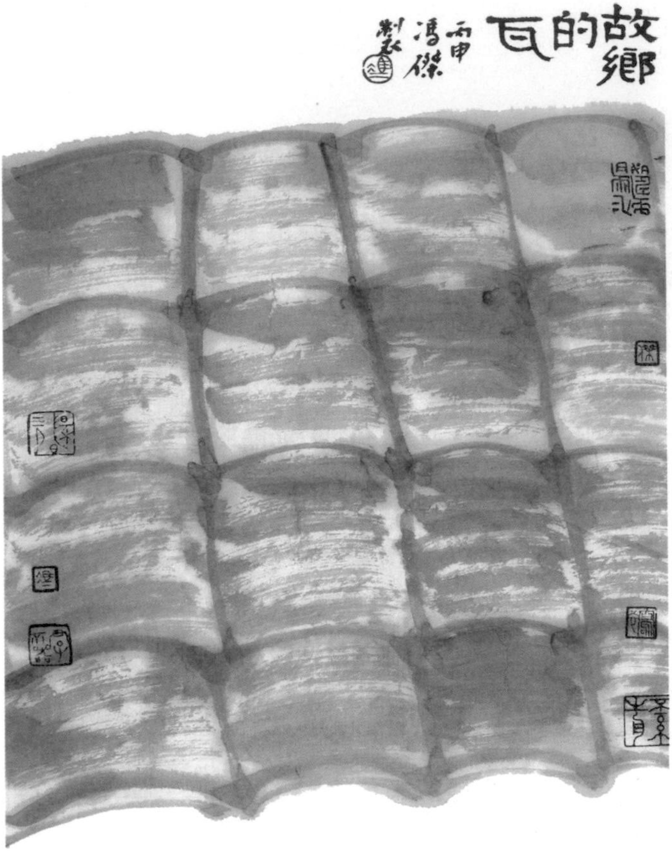
故鄉的瓦
丙申 馮傑 製

葛花就是紫藤・豆科

紫藤最易入畫。糾結著宣紙。

它在任伯年、吳昌碩、齊白石諸位的筆管上糾結，縱橫不一，上下纏繞。

在村裡，它只是村花的一種（其它四種村花計有：棗花，杏花，柿子花，洋薑花），我們一家都稱作葛花，方言發音讀作「葛火」。

那些年，北中原還沒有大搞新農村建設，村子四周的杏林裡，佈滿紫藤影子，它可食，減少了饑荒年代人全村人的一絲驚慌。

在一個村子全部樹木家譜裡，它開花早，在枯藤上，不吐葉子就先開花了，先花後葉，退後的葉子顯得有謙讓的美德。我小時候割草之餘，騎在繚繞的藤枝上面，當作馬匹，大家都在作一種關於速度的遊戲。傳說裡面藏有赤煉蛇，會突然竄出。

我後來搬到長垣縣新院，在選擇樹種時，首先想到那一束「葛火」，就從滑縣老家帶來一段紫藤枝埋下，細香般的藤蔓慢慢長粗，粗成筷子，最後爬滿樓頂，每到開花時節，在胡同口，遠遠就能看到那些花影裝滿整個平臺。

我家這一棵葛花藤有個規律：一年盛開，另一年不開。叫歇花。

每到葛花開放的季節，我就傷感，母親是在這個季節去世，那一年的花季，葛花宛如在搶著開放，像某種預言，像和我母親作最後道別。它們開給我媽看。

第二年，葛花樹竟是一穗未吐。花沉默。商量好，一齊沉默。

去年在北京，一個畫太行山的山水畫家要請我赴宴，我吃飯簡單習慣了，擔心浪費，怕他開一個禮拜也吃不完的「滿漢全席」。對方卻說，要你來吃京城著名的「紫羅餅」、「紫羅糕」。坐定，我看了看，一嚐，覺得就是用我家的葛花做的。

對待紫藤花，有多種方式，只記得我媽當年有三種做法：

一、水焯涼拌，榷蒜。
二、做蒸菜，就粥。
三、裹面油炸後再上鍋蒸，像蒸酥肉。
（這道菜過去是在全家福的節日裡出現。）

2012.11.14　客鄭

根的歸宿

菜根一般都不會冠冕堂皇地正式在宴席菜盤裡出現，如果有，那肯定是誤配。菜根一般人家都棄之不用，也有留著捨不得扔掉的。我姥姥對每種菜根都相當珍惜，一一來收留，收用。

菠菜根，芹菜根，白菜根，蒔蘿菜根，芫荽根這些「局部蔬菜」，經常在我家灶臺上粉墨出場，變化著花樣，各盡其才。

一個廚子只有不做大菜時候，在閒心時才可以看到這些細節：菠菜根紅，芹菜根青，芫荽根灰白，白菜根象牙白，不同的菜根只要擺在一起，就會像豫劇裡淨末旦醜，高高低低，各見色彩。

在長垣烹飪之鄉，菜根最易被方圓五十裡內的袞袞俗廚忽視不用。主要是這些摘菜者年輕，講市場，喜歡先鋒菜，他們沒有被餓過肚子，沒有經歷河南的一九四二年，河南的一九五八年。

我發現芹菜根還可以生吃，我姥姥經常把捨不得扔的白菜根從中間剖開，清泡鹽水，用於醃一味小鹹菜。菜根系列裡，最有醫藥價值的屬芫荽根，配上蔥根（叫蔥胡），在我家用於燒湯治感冒。氣死醫院藥廚裡的青黴素。

韭菜根不能吃，可以留著隱藏大地，以便東山再起，

從小得的某種習慣會讓人落下一生去不掉的毛病，我就繼承蔬菜留根這一傳統習慣，看到別人做菜前丟失菜根，可惜不已。我還有個毛病，不善寫長文，譬如寫《史記》之類。這是當年鄉村語文老師在我背不好〈陋室銘〉之後所言：凡是天下超過兩百字的文字，都不是好文字。

這話我記著。一直喜歡短小的火柴和菜根。

有的菜根命運不好，最後入了垃圾箱，可回收垃圾。入了雞肚子，入了豬肚子，甚至狗肚子。我村有吃素的狗。

那是因為沒有人會為一截菜根來費腦子。

這和入人肚子結果一樣。無非轂道輪迴，無非殊途同歸。

2012.12.4　客鄭

2012.12.5　魯山下湯

杠子饃記

北中原鄉村把饅頭不稱饅頭，多稱為「饃」。一個字。口語，簡潔。我二大爺在村裡中午陪客時，使用緩兵之計，常勸客人說的一句話就是：「饃好放，先喝湯。」

陪客者要不緊不慢，不能把饃先吃完。

九棘村是一個著名的蒸饃村，全村五十家饃炕要數老韓家的杠子饃最有名。老韓平時在人民公社當伙夫，回家後半夜裡再蒸饃。

他家裡親戚對外炫耀，說我家有人在公社裡上班。（這工作指的就是老韓在公社挑水）。

製作饃時要用一根杠子來回壓，才叫了杠子饃。十裡八村有紅白喜事，都請老韓去盤麵蒸饃。

老韓的饃果然是好，這好是有道理的：開水一泡，軟如蛋糕。於是他就口滿，說，我這才是「饃樣子」。這話的意思是說老韓的饃是蒸饃村的「唯一標準」。那時還沒有後來中共中央提出的「實踐是檢驗真理的唯一標準」這一說。

蒸饃是一件辛苦活，每天五更天不亮就須起來，開始用杠子軋麵。為了讓饃好吃，老韓把杠子一頭固定在牆裡，他斜著身子在另一頭操作，坐在杠子上擠壓，只有用這樣盤出來的麵蒸饃，才有層次和韌性。每團麵都壓幾十遍。老韓瘦得像一棵蔥，一棵蔥就這樣在燈影裡一高一低。

我家沖饃水的饅頭，都是九棘村買來的。

老韓家的饃好吃還有一個用水秘訣。老韓給我二大爺私下說過「冬用滾鍋水，夏用井畔涼，二八月裡灑手水」。冬天冷，和麵要加滾水調和，夏天熱，自然要用涼水，二八月不冷不熱，要用手量試一下恰當的溫度，這樣麵才能發到火候。

到九棘村買饃叫「稱饃」。

「老韓，給我稱二斤饃。」都這樣稱呼。

我去稱饃，見到老韓，他伸出手讓我看，我算是長了見識，看到他因杠子壓麵蒸饃五指變形成彎曲狀，像曬乾的老鷹爪。

那一次我跟我爸去孟崗人民公社吃「憶苦飯」，老韓用粘麵的老鷹爪拍了一下我的頭，還表揚我。

這年冬天，老韓要到公社辦一件私事，給李書記提去了一籃子杠子好饃。李書記收下了。李書記先試吃完一個饃後，抹抹嘴角的饃花，咳一聲，說，提雞巴一筐饃就想辦成這一個事？笑話，讓你媳婦送來饃還差不多。

那天，我哈著手，恰好去給李書記送一布袋我姑姥爺昨晚捉的鵪鶉。

我那時小。不開竅。我一直不知道這個提一筐雞巴饃的老韓要辦的是一件啥事。

2012.12.17

鏗然杖聲
雨洗東坡月色清 市人行盡
野人行 莫嫌犖确坡頭路 自
愛鏗然曳杖聲

狗尾巴柿餅

柿餅也可以當饃充饑，尤其是狗尾巴柿餅。

為啥叫狗尾巴柿餅，不叫驢尾巴柿餅老虎尾巴柿餅？因為狗尾巴短，驢尾巴長。

進入正月，我牽著衣襟開始跟隨姥姥按順序走親戚，東莊、河門頭、張堤、苗丘、張八寨。親戚要一家一家地走，飯要一家一家地吃。多是摧一個笆斗籃，裡面壓的禮物計有：花糕一座，點心兩封，饅頭四個或八個，柿餅兩串。外面用一條花藍毛巾紮住。有時嫌籃子外表看著不豐盈，就再加些油饃、焦葉、果糖其它吃物。

這種籃子統稱叫作「饅頭籃」。村裡還有一個語言隱喻：生閨女叫「多個饅頭籃」。

單說那饅頭籃裡的柿餅，十來個黑柿餅用一根柳條枝串著，像七大行星一般，我們叫狗尾巴柿餅，如果走親戚送去兩條狗尾，親戚多是收下一條，還會留下另一條回贈，這叫「折」。雙方要謙讓爭執一番。像花糕、點心這些鎮籃的大件，主人家一般是「不折」的。

在回家的路上，我會偷偷摳出來一個柿餅，邊走邊吃。

走張堤走親戚的柿餅多是我姥爺過年前在高平集上趕會買來的。為了省錢，他有時還買那些削掉的柿餅皮，一拃長。柿餅皮也能吃。冬天我咳嗽不止，姥姥有一個單方，用棉油炸柿餅，吃下兩個來果然沉住了氣。

有一句關於走親戚的俗話，叫「狗尾巴一串兒，混頓飯兒」。用兒音來說最傳神。是指剩下的這一串狗尾巴柿餅。

到後來這一條狗尾巴長了，柳條上穿的柿餅變多變大，盤成一個大圓圈狀，走親戚要騎自行車，饅頭籃子掛在自行車後座上，剩下這幾條圓圈柿餅就隨手掛在自行車把上，左右擺動。

一條細細的鄉路上，車鈴一響，鈴聲就會敲打著上面一層白白的柿餅霜，在暮色裡，紛紛掉落。

2013.2.18　客鄭

白石云古人作畫不似之似天趣自然因曰神品
吾之為柿品也
丙申初一晒
於聽荷草堂　馮傑

餎餷（北中原鄉村食詞解釋之二）

餎餷還叫鍋餎巴。

一鍋「糊塗」被一家人喝到最後，亮底，就剩下一層鍋餎巴了。屬江山已盡，殘山剩水。

我姥姥開始用一柄熗鍋鏟鏟淨剩粥，略微撒鹽，淋上幾滴小磨香油，攤平，開始鏟出來，餎巴自動捲成小卷，在鍋底滾動，盛在小碗裡。口味只有自己的舌頭知道。舌頭不語。

一家人喝完一鍋粥，我單等的就是這最後的一層餎巴。在月光裡吃餎巴。月亮在草色裡慢慢升起來了，風一吹，在屋脊上飄來飄去。

我姥姥講過一個關於懶人的故事。

說高平集上某某家裡的媳婦邋遢，不會過日子，地是經常不掃，鍋是整日不刷，這一天夜裡來賊，那賊要偷鍋，揭其灶台的鐵鍋頂在頭上就跑，一家人喊捉賊，賊逃。回屋一看，鐵鍋依在，那賊揭起來偷走的是一層厚厚鍋餎巴。

我姥姥這故事本來是說教平時要勤快，鄉村故事一般起教化作用。不料讓我理解成了懶惰有時也是一種運氣。如這口鐵鍋，沒有移師他鄉，這真是驚險得很。

前兩天在淅川訪山水，這是詩人周夢蝶之鄉，三人蹲在橋頭吃地方小吃，上來一盤餎餷，面相焦黃，上面還有星星點點的酸菜。我連著吃了好幾塊。一桌子哢嚓聲碎落。我問如何製作？主人說先用熱水燙熟玉米麵，再攤開。免得和煎餅混淆。

回去路上有一智者對我說，餎餷就是普通話裡的鍋巴。

智者說到食物類別了，我堅定地說鍋巴是鍋巴，餎餷是餎餷。兩者細微處大不一樣。

2014.7.13　從淅川歸來

關於糊塗麵條

一盆糊塗麵條肯定不是指一盆糊塗賬。

當了一輩子小鎮會計的父親一向反對糊塗賬。

糊塗麵條基本原料有花生籽，黃豆，紅薯梗，蘿蔔乾，蘿蔔纓，乾豆角，細粉，綠豆麵條（最好手工擀製），因裡面加入了玉米粥，故名「糊塗麵條」。我媽還稱為「下糝麵條」。

如果要冬天做糊塗麵條，那你得提前，在夏天準備以上諸類原材料。

雅緻的糊塗麵條表現在最後的吃法上：煮熟後加入油煎蔥花，有的還撒一點芝麻。最後，配上一小碗油炸辣椒。同樣使用辣，只能使用一種辣的味道。這道飯拒絕芥末，拒絕胡椒。

和「文無定法」一樣，飯無定法。

這道飯你還只管隨意發揮，亂燉，亂煮，亂配，甚至改變組織結構都可以說得過去，形成多黨聯合。灶台上面沒有統一標準。如鍋裡出現了近似春秋戰國的意外效果，那就算成功了。

糊塗麵條一般是河南人才會做。法國廚子肯定不會做。

在中原口語詞彙裡，「糊塗」是個貶義詞。發音讀作「糊肚」。好像都糊到腿肚子上了。河南人愛從自嘲裡獲得片刻安穩。

在鄉村飯場上，我姥爺嚴肅地道出形成歷史原因，說：河南人苦啊，是河南人一輩子多糊塗，都沒好好上過桌，吃過席。

2014.10.14　子夜

滾蛋湯·隱喻（北中原鄉村食詞解釋之三）

一席的菜，如果數量上到十之七八了，按鄉風而論，客人這時該要謝絕上菜，以示謙和禮貌。

鄉村廚師以盤子掃光為榮。淨底說明技高。

這時刻，那簾子一閃腰，就掀開來。主人家會端上來一碗丸子湯或雞蛋湯，湯的特點是辣，鹹，酸。除了能喝之外，這是一種鄉村隱喻。說明菜已經上完了。

丸子湯說明宴席完了。雞蛋湯私下又叫滾蛋湯，沒趣湯。「沒」在北中原語系裡讀作「mu」，不讀「mei」。

知道這湯道理的客人暗自明白，不能自討沒趣了，便不再吃喝了，欠身，只象徵性地勺一下湯，盤算著如何走人。他們明白客走主人安的道理。

這是對那些明白的客人而言的。對饕餮食客多不管用。

有時主人家也發愁，親戚系列裡面，總有三兩個能「坐折板凳腿」的客人。他們剔著牙，暮色向晚，這時，才開始打算要「噴空」。

噴空是北中原的傳統文藝交流方式。裡面有世界觀。

此時主人家又不能怯場。我二大爺會先提個引子，近似前言，他說，大家先從文天祥那一句詩開始。「捲簾雲滿座」。一邊馬上有食客喝彩。

掌燈時分慢慢來臨。還得備一桌文化晚飯。

2014.10.20　夜雨

H

化學變化一種・變蛋

田文才就是一位善於噴空的人。

田文才騎著一輛永久牌的舊自行車子，在胡同的春天裡穿行，舊車像一隻鐵蜻蜓，在胡同裡忽高忽低。

他一路吆喝——「代加工變蛋——」。拖一長音。

在北中原，田文才是可以上升到那一種「烹飪手藝人」系列。他這種職業很特殊，扁扁蛋既不是紅案又不是麵案。過去他在開封做過飯，有病返鄉。他說靠自己的手藝供孩子在開封上學，以後還要在開封給孩子買房子、買車。

變蛋是我們那裡對皮蛋的一種稱呼。吃時切塊，匆匆拌醋，或涼拌黃瓜，即可入盤上桌，有一種獨特的草木氣。有的人吃起來上癮，乾脆拿起一個直接入口，每次我大舅來走親戚，就是這個吃法，一次連著可吞五個，像吞湯圓，也不怕肚疼。

我父親不主張食用變蛋，他說那裡頭含鉛，傷腦子。僅是上學成績還不好。

田文才坐在馬紮上，在小胡同裡製作變蛋，我放學後圍在一邊看過。有時他會嫌我們礙事，要讓靠邊站。

我問你變蛋的好處在何處？他說，我的變蛋是青缸色，還治眼疼、牙疼、高血壓、耳鳴。

我笑了，你說治肚子饑還差不多。

他說，我這可是一種化學變化，磕開皮你能看到蛋黃上有松枝的圖案，好看又好吃，別的人變不出來松枝。懂不？是化學變化。

我覺得他話語裡有話，他分明是欺我「數理化」學得不好。

這手藝看起來簡單，投入也小，不須下多大本錢，田文才手頭加工一個變蛋，要收五分錢加工費。

我說你一天加工一百個，要想在開封賣房子，就得從宋朝開始和泥，蘸灰，做變蛋，在經過元明清，才能湊夠這錢。我這只是一種反駁，用來證明自己也會算帳，數學好，且歷史也好。

加工一個五分錢，我母親仍然嫌貴，覺得這是一種奢侈，哪有自家吃變蛋請別人來變的？又不是造原子彈。母親就找來紅膠泥，草木灰，白石灰，乾茶葉，配料攪漿，我媽要自己動手來變。

在一個晴天。挑選好均勻的生雞蛋們，個個渾圓，先是白石灰裹雞蛋，再上層草木灰，最後，滾上一層稻糠皮，一共壘了五層，四十來個雞蛋擠在一方罐子裡，像一家人在冬天抱團取暖。

一五得五，四五二十。母親計算，她直起腰說，一共省了兩塊錢。

2012.11.19　追憶

槐花碎

薄暮宅門前，槐花深一寸。

——引用白居易

槐花食用方式主要是蒸吃，以未開或者半開的骨朵狀為佳。花全開就老了。洗淨後拌麵，摻和均勻，方可上籠。蒸熟後需要在盆裡攤開晾涼，之後再攪上蒜汁，之後再淋上麻油。上蒜汁太早會使槐花有一種「死蒜氣」。像昨日過夜的剩菜。

蒸槐花拌麵最是關鍵，麵粉多了，蒸出來會呈麵疙瘩狀，麵粉少了，又體現不「蒸」的口感。好的蒸槐花出籠後要鬆散，適中，筋道。這三項基本原則不是一天學來的，靠多年灶頭手藝功夫的掌握。

我姥姥還有個習慣，槐花蒸好後，她總要給鄰居送上一碗。後來我母親也保持這一古風。

後來到我們這一代，面對利益，大家就開始「獨吞」了。

槐樹在村裡有兩種：

一種是黑槐樹，小時候我常聽留香寨前街姓楊的人喊作笨槐，就是傳統的中國槐，那種黃色槐花不能蒸吃，曬乾叫槐米，是一味中藥。另一種是洋槐樹，帶刺，開白花，洋槐花不能入藥，只能蒸吃。兩者區別是：國槐葉子先端是尖的，洋槐是圓的。

我母親去世那年時節，是花季，我車上帶著棺槨，我媽躺在裡面，我跪在外面。我們要帶我媽回老家馮潭村下葬，從長垣縣到滑縣，兩個縣的春天都來臨了，兩個縣的春天連在一起，鄉路兩邊的槐樹瘋狂地開著白花，開著白花，還是開著白花。

感覺白花漫無邊際，像一地大雪。我滿眼是沉重的白。

回來後整理舊物，在廚房裡，我還翻到一個裝滿乾菜的塑料袋子，裡面是母親曬乾的槐花、葛花，她準備用於來年冬天包菜饃使用。

年前我在豫西山地，看到山路邊幾棵洋槐樹，竟開上了紅花，我就特意下來端詳了一眼，除了驚奇，還有一種驚心。紅槐？

想起十年前在河南延津縣黃河故道采風，我和老詩人王綬青先生漫步槐林，在槐林深處，他對我說：「槐樹應該叫母親樹，我還寫過一首詩。」

2012.11.12　客鄭

附：馮傑詩一首：

槐樹、或者母親花

我故鄉有大片洋槐　國槐
在我眼裡　一一都是國樹
對我的教育使它們像生長的漢字
點　竪　撇　捺

初春時節它們大片大片湧來
逐漸微弱　充實饑饉之胃
即使被它刺傷
我一生從來沒有反對槐樹的言論
多年後想起　感恩還來不及呢

母親去世那年
槐花怒放　我與棺槨裡的母親一同回家
路兩旁開滿潔白花朵　蜜蜂飛舞
淚眼裡槐花碎得像心
母親　我們宛如進行一次溫馨的歸鄉旅程
只是我們帶著惟一多餘的棺槨

2009.1.25

紅薯必須曬乾

（說明：此舊日薯乾非今日薯乾）

紅薯延長自身價值的方式之一，就是切片曬乾。多年後，一個發酸的詩人寫過：薯乾是紅薯的木乃伊。

村裡每家都有一人多高的囤子，有的高達屋頂，裡面垛滿紅薯乾，垛得結結實實，作主糧，要一直吃到發黴。

我姥姥說，你別小看這紅薯囤，有時外村裡來說媒相親，成不成，就憑的是堂屋的囤高囤低。有的人家弄虛作假，下面裝糠。

白露前後，那些紅薯坐馬車從大堤外面的蘆崗村裡來到我家，全家圍著一大堆紅薯，人人操刀，開始切片。為了時間快一些，母親讓我去鄰居家借幾張專用的「擦床」，放在洋瓷盆上擦紅薯片。不小心的話，我還被「擦床」擦破手指。

擦到興致，看到如有眉清目秀的紅薯，啰嚓一聲，我還會吃上一口。一塊紅薯中間的那一片最好吃。

最後把切好的紅薯乾中間來一刀，切個豁口，可以一片一片掛在院子縱橫的繩子上，有的掛在棗樹刺上，棗樹上像是結滿紅薯片。院子空間不夠，搬來梯子，拓展空間，撒上屋頂。

秋後北中原鄉村，屋頂上除了細霜，鳥屎，遠看，白花花的還像落一層斑駁的殘雪，破舊的殘雪。一個村子都瀰漫澱粉的味道。是農村的味道之一。

曬紅薯乾最怕遇到連陰天。有時剛剛晾上，就頂著細雨，又要爬上屋頂回收。我姥爺在下面喊，站穩，小心踩碎瓦。

那些紅薯帶著短短藤蔓，斷口之處，漿痕像淚痕，竟有點拖家帶小的表像。這是一種生紅薯乾，磨麵或煮食，下鍋前白色，出鍋後就麵黑。還有一種煮熟後再曬乾的紅薯乾，口感筋柔，像校園的鐘聲，我嚼一路還會走不到學校。

紅薯片切完，母親讓我把借來的「擦床」一一還給鄰居。母親說，有借有還，再借不難。她一直堅持這個鄰里標準。觀念細小，卻能維持友情。這時的洋瓷盆子下會殘留一層灰色澱粉，我姥姥說，用這粉芡中午就可以打涼粉。

我不知道那裡除了粉芡還有什麼能沉澱下來？顏色慢慢由白到黑了。像日子。

2012.11.28　客鄭

「茴香包」要放在米袋子裡

當年愛談理想。

且說20歲那年的理想。

那理想如下：

三十歲前必須當上國家主席（副主席亦不嫌棄，且湊合來幹），到三十五歲，尚無望，又立志，必須發展經濟，四十歲要成為億萬富翁，到四十五歲無望，總結經驗，決定老老實實寫文字，準備五十歲時獲諾貝爾獎。別人看後鼓勵，說，要是搖獎，也許這輩子你還有希望。我今年四十九，不到五十，號稱如日中天，號稱龍馬精神。再想想，已決定什麼不再想了。

洗腳睡覺。

現在只想劈柴擔水，點火造飯，過平常日子，陶罐植菜，蒔花剎那。白米不生蟲是最好的狀態。秘訣是縫一個小小的「茴香包」放到米袋子裡。大米可以不焦躁，能度過一個平靜的夏天。

有人讓我題字，我作哲理狀，多題字：「管好當下，不語未來」。

今年增一新印，文曰：「白米芥菜居」。邊款雲：有白米可，有芥菜可；有白米芥菜更可。評論家問我出處，我偽託蘇東坡「後赤壁賦」語。

山東的孔子老師也曰：五十知天命。我現在的天命是讓自己關注門口白菜價格的升降，上樓時膝蓋不痛。著色時宣紙不會在風中咳嗽吐痰，宣紙保持潔白。

哪是知天命？分明是「天命知人」。

這都是最早的「修身齊家平天下」理論把我害的。

我坦誠公佈，把以上狀態一一表白，我二大爺笑了：這是讀書人的墮落。你還不如豫西孟津的貳臣王鐸，他頂著壓力在悶頭寫字，看看他的漲墨，那是在出氣啊。

2013.5　理舊日殘稿

喝生雞蛋的姿勢

天下好蛋者，非煮不可成熟。

我原以為雞蛋只煮而不能喝的。

村裡有一個日常單方：喝生雞蛋可以清心敗火。能讓人心靜如蛋清，而不是焦躁如蛋黃。

我有一次害紅眼病，姥姥讓我用一枚老母雞剛下的雞蛋，放在眼上滾來滾去，交代說滾幾趟就會好。那一顆剛下的雞蛋帶著餘溫和雞屎味。我開始巡禮般滾來滾去，有一種趁熱打鐵的意味。

我小時候認為小孩子害眼全是因為吃紅蘿蔔過多原因，實例是兔子經常紅眼。狼眼發綠是因為不吃紅蘿蔔。

滾雞蛋療效不佳，再深入發展下去才該是喝雞蛋。

孟崗集會上陸續出場許多人物。田瘸子是其中一位菜販子。他腿瘸，拉的那一輛菜車也模仿主人，車輪一顛一顛。走在路上，一車菜走得都斜。

車上有菠菜，白菜，辣椒，蘿蔔。均為四季時令菜蔬。田瘸子和其它賣菜者並無多大區別，明顯區別的是眼紅不是菜綠，他經常害眼，整日雙眼紅彤彤的，像兔子眼，像兔子嘴，像猴屁股。我二大娘開玩笑說他眼睛是「驢屄打豁」，打豁就是指閃電和快速。驢屄打豁出來閃電就有難度了。好在田瘸子掌握一個治害眼的單方——早上喝一顆生雞蛋。

田瘸子來到集上，攤位多年固定。先不急著擺菜。他不慌不忙，說：「記到我賬上，再賒一個。」

見他從鄰攤老吳媳婦的雞蛋筐裡挑出一個大雞蛋，手指一撚，在車把上輕輕一磕，用指甲破開一條縫，再把蛋縫用小拇指一挑，開一方小窟窿。一仰脖，哧溜一聲，連黃帶清滑下了喉嚨。

他說害眼明顯見輕。這才執秤。

我也算見賢思齊，好奇得很。想效仿試試，開始飲蛋，喉嚨裡灌注一股生清之氣。趕緊咽下，像吃毛蛋。

有一天田瘸子死了，跌足池塘。

雞蛋倒是賒著，老吳媳婦一五一十地數來，一年下來喝了好幾大筐。她歎息後，說，看到田瘸子那雙眼睛是紅通通的，到死那雙眼睛都是紅的。像兔子眼。

2014.5

喝羊雜湯的姿勢（異鄉異食狀記）

夏天避暑，大清早起來，在呼和浩特街上行走，一行人像羊群浩浩蕩蕩。當地一友人要領著我們去找一家地道的老店喝羊雜碎湯。他像頭羊。

邁腿進店門，被一種不可忍受的氣息籠罩逼迫，幾乎要把人轟趕出來，瓦斯彈。芥子彈也無非如此吧。我急忙閉住呼吸，「忍氣吞聲」。內蒙的頭羊朋友說，不吃羊肉的人或初次來吃的人聞著會進不去門的。

我是進去了。

內蒙的羊雜湯和內地不同，河南的羊雜湯是湯多肉少，以湯為主，內蒙的羊雜碎湯則是滿滿一碗羊雜碎，不是喝羊雜湯，是吃羊雜碎。雜碎含羊肚、羊肝、羊肺、羊心、羊腸、羊頭、羊眼。

想起來我們村裡罵人愛說李書記是「雜碎」。

北中原有一種一貫堅持下來的「湯的禮儀」：在鄉村集會上喝羊雜湯，只要腕底尚有一絲肉存在，就可以大張旗鼓地伸碗免費續湯。但在內蒙不行。

我抬頭看到一塗改後的招牌，上書：

純羊雜 帶一個焙子 16元一碗。

純羊肚 帶一個焙子 18元一碗。

我環顧四周，掛滿一屋湯聲。喝羊雜湯的多是青壯大漢，中老年人。沒有一個二八美女佳人以及大觀園裡的小蹄子們。一邊一位老者歎道，說羊雜湯過去一塊錢一碗。

碗裡蓋一層綠芫荽。不知他說的是猴年馬月的那一碗羊雜碎湯？

我是第一次吃到「焙子」。在呼和浩特街頭喝羊雜湯時店方要送的一個燒餅，叫焙子，只有內蒙有這種焙子，其它地方我還沒有見過。我一見鍾情。我們的被子是蓋的，他們的焙子是吃的。

走很遠了，我到了河南，身上還有一種成吉思汗的膻氣。如攜帶著一個草原。

關於焙子的注釋：

世人以此詩說
馬無人以此語

焙子在內蒙有多種：白焙子、糖焙子、鹹焙子、油焙子、鹹三角等，其中白焙子最有特色。賣焙子的作坊稱作焙子鋪，加工焙子的師傅稱為「打焙子的」。烙焙子講究三淨：和麵的手淨、麵盆淨、麵案淨。

我站在一邊看了好長一陣。

那師傅頭戴白帽，一會兒揉一會兒，一會轉身將半熟的焙子挪鍋換位。有和麵時的拍打聲、擀杖的擊案聲。

師傅問我：聽你口音像河南人啊？

你也是河南人？咋在這裡？

我聽到師傅長歎一口氣。說：

我也是長垣人。

2014.7.18　在呼和浩特

喉鹹，喉鹹（兼注：何謂「三狠湯」？）

鹽呀，鹽呀，給我一把鹽呀！
天使們嬉笑著把雪搖給她。

——瘂弦〈鹽〉

村裡把「喉」字讀音「吼兒」。兒音。喉鹹，喉鹹，是說食物鹹得出格了。感覺大於舌頭，超乎味蕾的想像了。

鄉村飲食史上，鹹是一種生活裡的策略。鹹可以解饞，可以放很，可以度日，減少吃食，以喝水代替。賬怕細算，日子一長，就屬節省糧食的一種方法。

現在流行養生經，日子裡，一日三餐主張清淡少食鹽，這不是生活缺失，恰是深諳養生的一種健康習慣。

村裡飯店有一道湯叫做「三狠湯」，名字聽起來危人聳聽。在村裡大家都習以為常。你道是哪三狠？燒水一鍋，把盞上來，猛放辣椒，猛放鹹鹽，猛放酸醋。故曰三狠。

評判灶頭技藝高低，我們常把手藝不佳的廚子稱作——「他就會做三狠湯。」隱喻廚藝的不精湛地道。我有時也會做一道此湯，我周圍遊走著許多三狠湯的製造者。

三狠湯一碗下去，喝得通身冒汗，立馬不冷了，冬天可節省一件棉襖。

在北中原，農忙過後，田園將蕪，年輕人外出打工，守留者冬天漫長沒事。留香寨村中人民多抄手話閒。習俗接近傳承古風。我見過，現在依然。

我二大爺說過：不要小看曬暖，這暖可不是隨便曬的，聽過去你姥爺說過，這現象古書上專業詞叫「負暄」。

我二大爺負暄時說過一段駭世見解：如果按照一家一棉襖來說，一個村裡一百戶來喝三狠湯，就可以節約一百件棉襖，省大筆物資，如果全國的農民冬天都喝三狠湯，那賬就不敢細算了。

馬三強在自家的麵館裡始終保持清醒，他對我說過：這三狠湯實際是當年一道無奈湊合出的誤菜。將錯就錯。誤讀之美。成了一道誤湯。

2013.8.26

J

蕨的避讓

作為一個現代酸儒，先從說文解字開始。

蕨是形聲字，從艸，從厥。厥意為「憋氣發力」。如果這兩者連在一起，就是表示「一種需要憋氣鼓勁發力才能挖出根的植物草木。」

在太行山裡，山民告訴我這叫「拳頭菜」，山民只知道出力氣，不知道「蕨」。

一九七〇年，蕨首次來到我北中原小村，是縮在玻璃罐頭瓶裡的摸樣，蜷手蜷足，小心翼翼，像捲曲瞌睡的海馬。家裡來走親戚的客人了，作應急之菜，父親會用刀背破開上面生銹的鐵皮，湊夠四個菜，才上桌。

後來我每次上輝縣南太行山，會捎下來幾把，或從山民手中買回一些去春幹蕨。回家用於母親「插咸糊塗」當佐菜，她叫「丟鍋」。

誰也不知道，這種菜有致癌成份在內。牛羊過食會致死亡，人食後會導致癌症發病率。

我是從外表上一點看不出來。

它竟還詩意盎然。羊齒植物。洛夫有詩句寫道：「羊齒植物／沿著白色的石階／一路嚼了下去」。以蕨來意象，通感那些鐘聲。

每想到蕨有這功能，出乎食用意外，我都會暗笑：

有點像我半輩子一直寫這類無用文字，我的文字們不至於致癌，也不會廣受歡迎。都是蕨氣質的筆劃。

描述一頭牛食蕨後的準確症狀是：毛粗亂無光，部分脫毛，精神沉鬱，呆立凝視，行走緩慢，多臥少立，咀嚼無力。這種牛從此以後就無思想，無判斷能力。路線錯誤了，是一頭傻牛。

這段文字哪是指畜生？分明是說人的失戀狀。

「商山四皓」吃蕨，伯夷也吃蕨。蕨就成隱逸菜的一種品牌。

令我好奇的是，牛馬食後可中毒，豬食後卻無妨。

有一次，滑縣城的客人來了一大群，人一多，我慌張備菜。我二大爺嫌我上菜時笨，就對我說，你吃吧，你吃多了也無妨。

那時我傻，我不知道他還使用借喻手法，蕨裡面有一頭豬這層玄機。

2012.9.13　客鄭

「焦葉」不是蕉葉（北中原鄉村食詞解釋之四）

詩史裡，寫「蕉葉」的詩倒是很多。「曲水浪低蕉葉穩」。我單單記得蘇東坡的這一片。其它還有，蕉影交疊，意象縱生。等等。

但世上卻沒有一句詩來寫「焦葉」。

我姥姥炸焦葉順序如下。

搲半瓢白麵，倒在一方瓷盆裡，最好磕破一個雞蛋，先用雞蛋來和麵，成片後，若有芝麻最好撒上一點，切成片狀後，中間再劃兩刀，便於過油。油炸後撈上來，潷乾油之後，它就叫焦葉。

一方大白瓷盆子裡，端出來猛一看，竟是高高一大摞，其實結構空蕩蕩，焦葉也是虛張聲勢。像報紙一般的「麵老虎」。

我姥爺常常是一邊吃，一邊說，費油。

掉下一小塊焦葉，他會撿起來吹吹土，再吃。

還有一種小的焦葉，炸出來黃扣子般大小，炸好的小焦葉鼓起肚來，漫不經心地撒在熱湯裡。

焦葉是瑣碎日子裡的一種瑣碎小食物。像輕微的歎息。

我知道，這種小焦葉你在異國他鄉喝不到，你在天安門城樓上喝不到，你只有在長垣縣老城裡未開發的小胡同裡喝一種「葷豆腐腦」時候，它才會陡然出現。

碗裡雞湯上面此刻才浮上來一層小焦葉，密密麻麻，萬帆齊發，大有門泊東吳萬里船之勢。

2008.8.5

韭花散瓣

1

初春吃韭葉，晚秋食韭花。

這樣的植物順序在我家菜案上更是合乎情理。

韭菜是最好成活的一種菜蔬，撒籽或移根都可。我多是從老家菜圃鏟來陳年韭根，背井離鄉，栽到異鄉院子地上或花盆裡面。

韭菜不能一棵一棵栽，必須一撮一撮來栽。這麼多年，我看到過的各級黨報上，經常形容「一小撮反革命分子」，常用的量詞就是「一撮」。作者的寫作思路肯定也來源於栽韭經驗。

韭菜必須時常來割剪才旺。如果任其生長，主人不割，那雙方就顯得沒意思了。

什麼叫「與時俱進」？吃時令菜才是與時俱進。與時俱進就是「與食俱進」，順應自然造化。

2

醃韭花是我家冬天必備之菜，一個冬天能有一罐子鹹韭花墊底，吃飯時就是沒菜也不會慌張，韭花是用於充實嚴冬貧樸日子裡的一種安慰。

叨一瓣醃韭花，喝一口「紅薯糊塗」。窗外的雪有三尺厚。

3

醃韭花必須多鹽，鹽少會發白醭，易壞。

鹽量就得大膽一些，有一種「打死賣鹽的」結果。

鹽是何物？它是這世界上貧樸人家過日子的一種力量。

那些年，這項手工藝由父親來醃製。韭花以未綻放為佳。母親把新鮮韭花掐頭，洗淨，晾乾，開始往一方小罐子裡用筷子來夾韭花。

父親鋪上一層韭花，母親接著就撒一把細鹽，配合得很好。罐子四壁充實。一雙筷子必須乾淨，還不能見水，韭花對日子的要求在這一時顯得就很挑剔。

小罐子靜靜無語，它謙卑地立在牆角，一臉素色。七天之後就可食，這時，咣噹一聲，蓋子啟開，小罐子才開始發言。

2012.11.11　客鄭

就（北中原鄉村食詞解釋之五）

在村裡吃飯時，如有一種或幾種菜用於佐食，食語上叫「就」。大家多稱為「就菜」、「就飯」、「就吃」。

吃飯一時沒有佐食相輔「就」的，這種狀態只能叫「乾喝」。大家心裡都明白，一年四季相比一下，村裡幹喝的日子更多。

即使有東西來「就」，無非也是些簡單的鹹蘿蔔疙瘩，鹹芥菜疙瘩，鹹菜幫，青菜之類相就。村裡每一家有油香自窗口飄起，哪怕細細如線，也會穿越每一個人的鼻息，觸動味蕾。

那些年，誰家做好吃的都要在飯場展示一番。這近似一種「炫食」。

孫德寬家兩個兒子都到了娶媳婦的年齡，孫家對外想營造一個家庭充裕的印象。他家住在村東，這一天終於吃肉了，唯恐全村不知，端一碗撈麵，他要穿越全村，故意把食程延長，他要走到村西飯場上。

這有點超越常規。因為村裡平時有東西兩個飯場。

他把一片肥肉放在碗的最上面，那一片僅存的肉片煮得酥爛，顫顫的，似乎一走一動，像風吹一片葉子。他走一路用筷子撥拉一路，就是不吃。引得一路人驚歎：看，德寬吃飯就肉。

那一天，我也看到了，我家只有撈麵，沒有「就肉」，碗底略有遜色。「德寬舅，吃撈麵就肉啦？」

街上頓時空曠。

也許這才是孫德寬需要達到的效果。

我聽他謙虛的口氣對大家解釋：「哎，天天就肉，天天就肉。」隨話頭又撥拉一下那雙筷子。

2014.1.26　客鄭

附：

叨菜（北中原另類飲食詞語注釋）

日常生活裡，舉筷子，夾菜，入口。這一過程叫叨菜。如果不在飯桌上說「叨菜」，就超出叨菜的本身內容。

在北中原話裡，「叨菜」更多時候是不作動詞使用，作名詞，是指謀生，謀事，做生意、工作、幹事業之意。兩人交談，問「老兄在哪叨菜？」就是問在哪裡謀事。

村裡還有一個歇後語：小雞站門檻——裡外都叨食兒。

那些天我看美國間諜片看得走火入魔了，覺得這話像說一個雙料間諜。諜中諜，套中套。臺灣間諜竟是大陸臥底。這樣「叨菜」一詞如果不洗，不知如何翻譯成英語？

2013.12

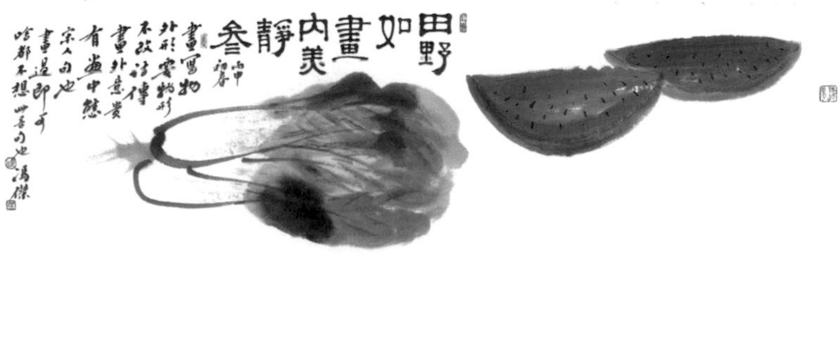

集會・專寫賣菜一段

臨集而居值得我家自豪，買的豬頭肉回家會尚有餘溫。

我家門口就是鄉村集市。以地理而論，集上東頭多賣鄉村鐵器，不會走動，西頭多賣牲口，善於走動。中間一段，以買菜者居多。

我長到近三十歲才見過冰箱，那時家裡沒有冰箱冰櫃儲藏器物，現買現吃。泥水橫行，鄉村集市簡直是一個巨大的儲菜冰櫃：它寬十丈，長半里，菜和人都在裡面走動，還有菜葉子上的瓢蟲。

我媽說，有蟲咬的菜葉子證明沒有打農藥。

常賣菜的菜販多是拉一輛架子車，上面滿滿噹噹，幾乎裝著鄉村的一十四節氣，譬如那一位好喝生雞蛋的田瘸子，賣了一輩子菜，能稱資深菜販；一般賣菜者是挑一副扁擔，前後繫兩方柳筐，還有不常賣菜者，家裡一時吃不完，臨時趁興來到集上，找一處蹲著，在眼前擺放幾捆小蔥、芫荽、苔菜，也不吆喝，在姜太公釣魚。我計算過，就是全部賣完也賺不了幾個大錢。

平時生活裡，除了鹹菜，炒青菜算是奢侈。變蛋只是應急。

有時家裡突然來了客人，皆打秋風者。譬如那一位在鄉下收費銅的綽號叫「銅升牛」的表舅，日到中天，每一次都是恰到好處，吃飯前會突然出現，門口便有自行車的一把車鈴響。

我母親便把鍋熱上了，加一瓢水，急忙出門到集上多買一把青菜。

2014.10.22　客鄭

K

款待你以月光

上・酒俗

在北中原我們村裡喝酒，開始時，需要上四個菜，方可動筷。

一個菜不行，那是臨刑前犯人上的，三個菜是款待吹鼓手。五個菜罵人是老鱉。習慣是上雙不上單。倆菜也可以開喝。以四個菜最好，四平八穩。

酒盅使用那種小瓷盅，叫牛眼盅，從道口鎮瓷器店買來的，小瓷器瞪著眼，小如軍大衣上的扣子。

盅子小，往往會使客人忽視，麻痹大意，一盅一盅複一盅，積滴成河，直到最後喝高。村裡人雖窮，待客卻厚道，待客的標準是讓客人「豎著來，橫著走」。這樣才算誠心，喝好喝高了，主人有面子。

我二大爺家來客人就喜歡村裡諸多名士來陪客，陪客者也會不空手來，腋下夾一瓶燒酒，先坐下來，把酒瓶放在桌子腿邊，才開始噴空兒，劃拳，對喝。

有時會因為一杯酒的喝法不一致而掀翻桌子，馬踏飛燕，甚至上升到路線鬥爭。

中・夜飲

最輕鬆是在月下飲。可號稱節省燈光。桌子上這時就不講究盤子數量，是煮熟的毛豆、玉米和新出的花生，帶著一絲清氣。我姥爺一邊講狐狸喝酒，一邊說，箸！

狐狸也要行令的，要對對子，要犯錯誤。月光須合乎平仄。

我還和父親月下喝過酒，佐以去年的舊韭花，都是父親醃製的。太鹹，就用筷子頭小心來蘸。顫顫驚驚，唯恐父親提到學習成績。還好，露水都上來了，還沒說到考試的卷子。就把桌子緩緩抬回屋裡。

掌燈。繼續喝。

下・補遺

我姥爺月光裡常講的那個酒令遊戲。多年後知道是蒲松齡房子上的一個片段。

在《聊齋》的一泊月光裡。狐狸做遊戲。

席中一人先行令：「田字不透風，十字在當中；十字推上去，古字贏一盅。」一人接：「回字不透風，口字在當中；口字推上去，呂字贏一盅。」一人接：「圂字不透風，令字在當中；令字推上去，含字贏一盅。」一人接：「困字不透風，木字在當中；木字推上去，杏字贏一盅。輪到展先生，他出令：「日字不透風，一字在當中。」眾人知其無法成字，緊問：「推上作何解？」他無奈說：「一字推上去，一口一大盅。」

這是文狐狸和知識狐狸之間開展的一種遊戲。

它們也款待以月光。

2012.11.29　追憶

啃樹皮的姿勢不對

「第二天我們在梅根神父陪同下，乘坐一輛軍用卡車東行。路旁的樹都被剝光了皮，農民將榆樹皮曬乾磨成面當成糧食。他們也吃樹葉、草根、棉籽和蘆葦。」這是美國記者白修德的一段文字，發表六十年前一九四三年三月二十二日《時代週刊》。裡面說的「農民」專指的我們北中原的農民。

今年夏天，河南省博物院舉辦有四十年代兩位美國記者的紀實攝影展，和上面一段文字還有關聯，主要展示一九四二年左右河南饑荒，大部分和豫北有關，我前去參觀。我看到了先民如何在饑餓裡掙扎。裡面有一幅照片，一位饑民抱著一棵樹，在用嘴啃樹皮。

靜默之餘，覺得這幅照片要商榷。這位記者要麼是讓饑民擺一個姿勢作一種象黴；要麼這位饑民同胞餓得發瘋了，失去理智。因為我知道，我們家人也吃過樹皮，樹皮根本不是這麼啃的。這種姿勢不對，能把大牙咯掉，還啃不下來樹皮。

在北中原，樹皮以榆樹皮最好吃，其它楝樹皮，柳樹皮不能吃，發苦，這也是柳樹皮不生蟲的原因之一。

我姥爺對我說過榆樹皮的吃法。先用錘子錘打，再用鐮刀把榆樹皮剝下，去掉外面老層，將裡面的白層剪成片段，曬乾，搗碎，攙到花生皮裡或糠裡，做成饃，怕鬆散，就雙手捧著來吃。一九五八年左右我們村裡的親人都是這樣捧著來吃的。手是樹林般多，即使這樣，榆樹皮還是有限，最後也有人吃不到榆樹皮饃。

老師告密過？

半個世紀以後，到一九七二年，我也吃過榆樹皮，純粹是遊戲。嚼著，滿嘴一種甜甜味道，很黏，最後剩下一團，我就抹在前面一位同學的凳子上。誰讓他曾向老師告密過？

到了二〇一二年，我再給孩子們講啃樹皮的事，大家都笑了，一個小外甥說，老舅這是冷幽默啊，俺學校裡形容某個女同學長得黑，就是啃樹皮。

注釋說：

有一天晚上，一個同學女朋友在學校樹林約會，在樹邊親嘴，事後回到寢室，班長關心送來幾個饅頭，說：「兄弟，有困難就和我說，剛才下晚自習時我看到，你抱著一棵樹在啃樹皮。」

小外甥說：看，他的女朋友長得有多黑。

2013.12.13　客鄭

L

辣椒麵糊——度日秘笈之一

油炸辣椒醬這一道醬菜全村家家都會做，只管大火、熱油、大油盡情使用，只管大張旗鼓地來。做這一道麵糊辣椒醬就要憑掌上功夫，看似容易，實是一種「素手辣做」的方法。

我對比過：全村數我姥姥做得最好。

見她每次選擇兩、三個乾辣椒，連籽帶皮剁碎，再佐以新鮮蔥花，摻入麵糊，都在一方瓷碗裡攪均勻，在蒸饃前，騰出個位置，把一方瓷碗放入饃鍋的空隙間。

在我家的一年四季的食事裡，製作這道菜多是和蒸饃一塊來進行，不會專門來蒸，那樣費火。有點捎帶的成份，以蒸饃為主，蒸醬為輔。君臣形式顯得十分明顯。等到一鍋饃蒸熟了，辣椒麵醬也正好熟透，規規矩矩凝固那裡。

一碗辣，青紅相間。顏色看著好顯得就是好，好色澤誘你想吃。

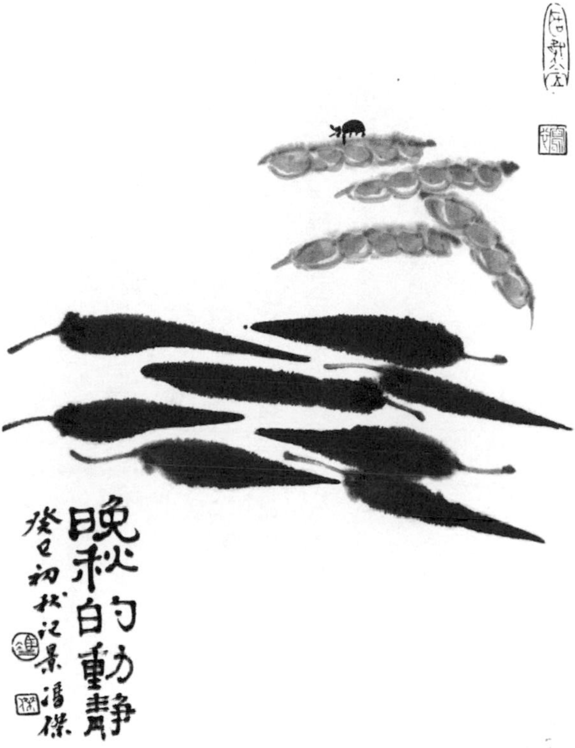
晚秋的動靜
癸巳初秋

這種辣椒醬要配上出鍋的熱饃同吃，尤其要配豆麵窩頭方顯得體，把麵醬直接灌注窩頭裡面，兩者可稱珠聯璧合，吃到興致之時，簡直就可以站起來直接喝辣椒麵醬了。河南人，湖南人，都吃辣椒。中國人民從此站起來啦！

我姥姥對我說，吃這種辣椒醬保險，平和安心，就是連著吃三天也不會上火。

我姥爺喜歡那種辣魄斷魂的苦椒，對這一種麵醬辣法一向不屑，以為不夠辣，破費。大人不宜。這種辣椒麵醬是只有我等這類小孩子才配吃。

在家宴裡，雖說都是辣系統，終究還是屬「素吃」一種。它完全是一種素醬的做法，外面飯店沒有。

2012.11.13　客鄭

辣——度日秘笈之二

吃辣椒可以上升到一種有膽量的行為，可以作某一種象徵。我看到的文藝書裡，大都把一位著名的湖南人平時吃辣椒上升到革命意義。「吃不得辣椒的人，就做不成革命者！」毛主席說。

這只能證明文學家的骨軟，骨軟就去稱讚歷史上的皇帝吃啥都有意義。決不像是辣手著文章。

我也吃辣椒，實際怕辣，吃得形狀狼狽，屬葉公好龍式。

小時候吃辣椒，學習吃辣，面前必須放一大碗涼水。關鍵之時忍受不了就含而化之，涼水解辣極為有效。近似一種綏靖之策。這秘訣我一般人不說，怕人看不起。

外祖父一生嗜辣，在全村排行榜上屬吃辣椒第一。更多道理是因為貧窮單調而又想使日子有滋有味，就是要苦中生辣。他吃辣椒從不油炸，認為那樣費油，不吃麵糊辣椒，認為那不過癮。一日三餐，只吃那一種清鹽水泡苦青椒。

別說去吃，我看著就吃驚，像是一碗青妖滋滋冒辣氣。

天下窮人肯定都是這樣。一個人的一生，都在那種苦椒清水裡度過了。

從辣到辣的長度，中間裝有多少身世苦澀？這些小小的辣椒們自己肯定不會道破，我鄉下的姥姥爺從來不說。

想起那些在老屋青磚牆上搖晃的辣椒，就是前面放一碗涼水也不管用，儘管是涼水，也制止不住辣的力量。

2004.1

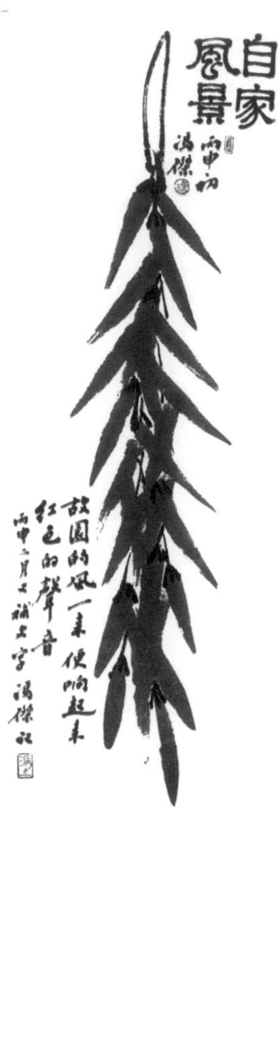
自家風景
丙申初 馮傑
故園的風一來便響起來
紅色的聲音
丙申二月七補字 馮傑記

烙餅要用刨花

（一款手工秘方兼表達我的文字觀）

烙餅的火必須要四平八穩才好控制住。尤其是烙乾餅。

我姥姥把家裡的火細分，分為「軟火」、「硬火」兩種。非常講究專業。像楊槐木、松木、梨木、棗木屬——硬火，莊稼杆。麻杆和草木類多屬——軟火，氣質平穩。

如果使用大火、急火這些硬火，容易把一張好餅烙糊發黑，有點像國家主席把某一省份沒有管好。局部錯誤。月亮長痣。

烙餅最好是用麥秸，麻杆，尤其用刨花最好。

想一想我家是如何烙餅的吧。

別人寫的文章都是在做經典家具，靚麗，漂亮。我的文字只配是木料上下來的刨花，上面僅有木紋，像水浪，它做不成家具。只能點燃來烙餅。

在鄉下，女人用刨花泡水可以梳頭。有一句話「木匠家裡無凳坐，賣油娘子水梳頭」，這娘子使用的就是是刨花。《紅樓夢》裡王夫人也說過這一句話。大觀園裡梳頭沒有人使用刨花。我們村裡女人都使用刨花。

刨花文字。我會來寫一生，可我的刨花文字終究是無用的，文字再好，在鄉下，無法把一張餅來烙熟。。

2013.4.25　客鄭

狼的舅舅

（關於鄉村野味的話題）

北中原一年四季走動有草狐、黃鼬、獾狗之類小獸，沒有見過狼豹大獸。小時候，狼多吊拴在大人們嘴角，單聽村裡大人嚇唬小孩子說：再喊餓，狼就來啦！孩子就不餓了。此種「鄉村療饑法」在短期內極為有效，不適常用。

六年前我在濟源太行山裡，幾個閒人上山勘察乾隆寫韓愈《李愿歸盤穀序》碑文，暮晚下榻一家野味店，先上一盆野豬肉炒小米，後上了一盆燉肉，主人先不道明，神秘兮兮。大家便吃了，大快朵頤。我卻吃出一股騷氣。主人說是狼肉。吃得我呲牙咧嘴的，索然無味。二大爺說過吃啥補啥，深怕大家下山會不認得人，看對方眼裡都冒出一絲幽幽綠光。

晚上住在山裡，石頭房裡的一位山民告訴我：山裡人放羊最怕狼，狼不是吃羊，而是咬死一頭，喝幾口血，再咬死一頭，喝幾口血。一夜能咬死十來隻。一地白，像是挑釁，故意氣人。

今年夏天，我到內蒙古格根塔拉草原，這草原長得有點禿，北國大地得了白癜風一般。遠遠不是我想像裡的風吹草低現牛羊的一方詩意草原。晚上主人開始說狼，一位當地文友為我講狼的故事。

他說狼有「瞋人毛」和「閉音法」。兩種特徵是：人走進狼時，還未看見狼，人身上就會有一種預感，渾身緊巴，頭皮發緊，頭髮直豎，毛骨悚然。想喊人來相助，嘴裡卻發不出聲音，喉渴，乾著急。這是狼的神秘處。他還說，狼吃羊，狼吃驢，狼吃駱駝，狼卻不去吃騾子。我問為啥？他話頭一轉，說騾子是狼的舅舅。我笑。他反問，你聽說世上狼吃騾子的事？天下竟有這般親情？

想起有一年東北往事，大家坐在熱炕上追憶，一個女孩子對我說：小時候跟著父親在藍色的江岸，啥顏色的鳥都吃過，有一種鳥，好看得奇，名字叫「老天爺的小舅子」，你吃過嗎？她問。

2014.7.23　客鄭

梨柿的起「烘」

交代的是食物相克，接近自然辯證法。

北中原有一個助長年輕水果快速成熟的土方。如果柿子生澀，又想提前來吃，就得去「烘」（不是哄）。我姥姥教我，先把柿子放在簍子裡，碼整齊後，中間再放進去兩個梨子，蓋嚴口子，這叫「烘」。

果然，那生柿子兩天後就抵擋不住，三十六計不用。發軟了。我趁機下口。

一時沒有梨子來「烘」，可用蘋果代替。面目不同，效果一樣。

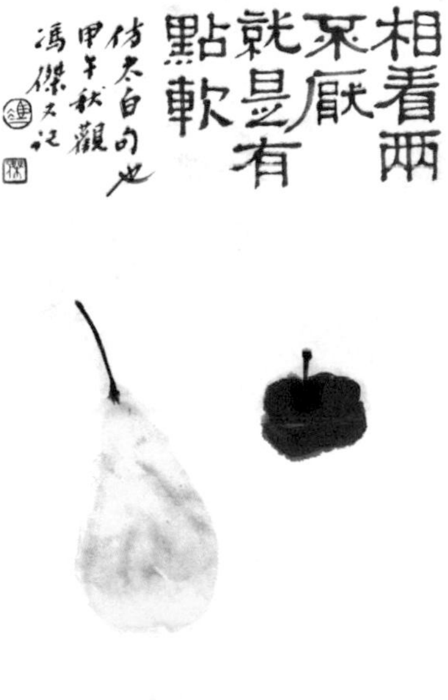

學術上分析，這起一種植物催化作用。氣味瀰漫，籠罩四野，天蒼蒼，野茫茫，有軟化相剋的功能，生柿子不須上幾道刑具，單靠氣息就將它們制服了。我姥姥從來不知道四十年之後世上會有一種叫催熟劑的反季節的東西。

在秋天，這簡直是小節日了，它們是「水果的起烘」。

這一「烘方」我太太至今還在家裡使用，修三峽大壩不算，這才叫人定勝天。她知道我喜軟怕硬，單愛吃軟柿子。

四十年過去了，此法我也一直使用，並在早秋時節提前操作，免得這些青澀柿子相安無事，柿子都要清淨下來，打坐一般。這時，必須來烘它們也就是使用好語言來哄它們。分明是「哄」。

2014.10.9

輯三

非烹

M

麵燈盞

——對《對燈盞的另一種功能》的補充

留香寨村裡約定成俗，正月十五裡家家要擺麵燈盞。一村的光。

原料是使用一半玉米麵，一半粟子麵磨的粘麵。摻和均勻後，先揑製，再上籠蒸半熟。取出晾半乾，開始置上用綿紙裹成的燈撚，注入油。一台燈盞算是完成。

燈盞先在自家院子裡擺滿，在神龕前，牌位前，水缸裡，糧囤裡，井沿邊，石滾上，馬廄。院子裡那一棵棗樹叉上也可以放。甚至還有入廁的茅房。

我二大爺說過：茅房還有茅房神呢，凡神都不可小覷。

光亮首先是自家造出來的，一小團通明，要留與別人欣賞，讓別人來說是好光，這才達到一方燈盞來到世上的目的。

大門口兩邊石墩上更是不可少放。

從類別上分，麵燈盞屬鄉村手工小食品。有的人家偷懶，圖省事，乾脆用幾塊白菜根，將刀一削，將就成一個「燈盞」。大家會評論說：「這一家人肯定懶，黃葉疙瘩做燈盞。」

門口點燃的燈盞必須看守，主要等油淺時好注油。這種守護角色多有小孩子來站定。

一九六八年的元宵節，亮堂。

我在留香寨村子的小巷裡穿梭。星星不睡，夜空中銀亮的馬蹄，燈盞的形狀。星空上懸掛了滿滿一天的燈盞，像熟透的白桃子。有的最後變成露珠，有的還固執

地點燃，懸掛到三十年之後我的一幅繪畫裡。我竟然看到有的人家放心，路不拾遺，門口沒有守燈盞的小孩子，我端起來一盞就跑。

一個守燈的孩子不睡。
兩個守燈的孩子不睡。
三個守燈的孩子不睡。
天下守燈的孩子都不睡。
我一邊跑一邊把那一方小小麵燈盞吃掉。
這實在有點兒燙嘴。

2011.11.16　客鄭

芒果軼事

（模仿一種作家流行開頭的寫法。但我卻不是去看冰塊。）

四十年前的一個陽光明媚的上午，父親領著我到黃河大堤下的孟崗人民公社去看毛主席他老人家贈送給河南人民的那一顆金芒果。

一顆芒果從北京到鄭州到開封到新鄉到滑州。芒果在巡迴中原大地。喜鵲横飛。

人民公社院子裡人頭簇動，密密麻麻，像一大群未出門或者已經回巢的老鴰。會議桌子上，墊著一塊軍用綠毯，上面果然有一顆黃色芒果，擺在一個玻璃罩裡面，上面還繫一條紅絲帶。周圍有兩個民兵持槍守著。芒果放射著金色的光芒，光芒萬丈。芒果顯得神聖高貴。

眾老鴰們卻在喧囂。

李書記拿著一柄鐵皮喇叭，高聲說：不要擠，也不要急，按順序來，按順序來。那是亞非拉人民送給毛主席的金芒果，毛主席捨不得吃，送給河南人民。這不是一顆普通芒果，這是巨大的溫暖。

這是一顆在中原大地遊動巡迴的芒果。

大家都是第一次看到芒果。回來路上，眾烏鴉們一路都議論芒果，有人說：怎麼聞不到果香氣？

有人回答：有玻璃罩罩著，你肯定聞不到，你是狗鼻子嗎？

這時，一陣風來。

風定後，我看到有一個長著一臉絡腮鬍子像鞋刷子頭髮像一叢風中荒草的人路過，附在耳上，悄悄告訴我父親，說那顆芒果是黃蠟做的。

驚得父親站在那裡凝固，好大一會兒。

也就是說，我從小就沒有見到世界上的真芒果。

2012.11.11　客鄭

眉豆有限的延伸

我家幾乎每年都種一些平常菜，種的最多的一種就是眉豆。想起名字來源，我推測，是眉豆的形狀像人的眉毛，乾脆叫了眉豆。多虧了它不像鼻子，像耳朵，像腳丫子，要不麻煩就大了。

我母親把種眉豆叫「點眉豆」，北中原說「種瓜點豆」。初春，隨便在牆根點上幾個乾籽，不幾天就會發芽。再隨便插上個樹枝，眉豆蔓就隨著往天上爬。它承受力強，不挑剔身邊環境。面對世界，它都是「隨便」二字。

夏天有小桃紅包指甲的時候，我姥姥會掐來眉豆葉子，用於給我姐我妹來裹手指甲、腳趾甲時用。讓我知道，這是鄉村眉豆的美學觀點之一。

眉豆開白花、紫花兩種，它是一個勁地開，秋風起了，它在開，秋霜下來，它還在堅持著開，像和冬天暗暗較勁。鄭板橋有一副對聯：「一庭春雨瓢兒菜，滿架秋風扁豆花」，下聯說的就是眉豆的堅持。

最後有一兩個眉豆遺忘在枝蔓上，這是堅持到最後的眉豆，拔秧的時候，摘下可以當來年種子，或者煮籽吃，有一種很面的口感。

我母親說過，眉豆是一種「出菜」的菜，所謂「出菜」就是不縮水。炒時入鍋是一斤，出鍋時就不會是八兩。從這種態度上可以看到眉豆誠實。

有時眉豆長多了吃不完，母親就摘一筐，把眉豆從中間揭開，一一攤在簸箕裡曬乾，用於冬天「插咸糊塗」時作配料的乾菜。

眉豆是配角，眉豆不入城市大飯店，那些追求大成功大格局的老闆不屑，另一個原因是加不上離譜的價格。

我母親另有一種做法，把乾眉豆絲泡開，再拌麵，炸成小素丸子，六成熟，不要炸透，再入碗上鍋來蒸，裡面擺上蔥絲，薑絲，花椒。

端到飯桌上一比，更像傳奇了，連那些傳統的「硬菜」，譬如小酥肉、大酥肉們以及四喜丸子們一時黯然失色。

2012.11.13　客鄭時追憶

毛蛋裡的叫聲

暖房裡沒有孵化出來雞仔的雞蛋叫毛蛋。在村裡，對毛蛋最後的處理一般是水煮，油炸。我父親說，毛蛋是高營養，看著不好看，毛乎乎的，吃起來香。

我見到茹毛飲血的景象。小鎮上一位遠門的大爺，是這樣吃毛蛋的：那大爺提著一隻含血絲的毛蛋，帶毛，仰脖就下嘴了，進入喉嚨，連著吃十個，大爺才抹嘴。像一隻老貓。

鄰村的親戚開一座暖房，會隔三差五給我家用笸斗送來毛蛋。一天黃昏，廚屋裡一口大鐵鍋倒滿涼水，又倒入四、五十個毛蛋，這次要清水煮毛蛋。

我姥姥拉風箱。我一邊添亂。呼嗒呼嗒的聲音在黃昏響起。聲音傳到院外，像誰對暗夜說話。

正拉著風箱，我姥姥說：我咋聽著鍋裡像有小雞叫？我側耳細聽，果然，熱鍋裡煮著斷斷續續的雞鳴，像是毛蛋裡面發出來的細聲。

姥姥忙把風箱歇住，停止燒鍋，把鍋裡毛蛋一個一個撈出來細聽，一共聽到兩個毛蛋裡面有聲音。

我說：乾脆就吃了吧。姥姥說：這可是倆「秀命兒」。

姥姥耐心把毛蛋一一剝開，每個裡面蠕動個濕漉漉的小雞，開始伸腿，睜眼。放在灶頭，兩個小雞的腿都殘了，站不住，我姥姥說，「倆腿都殘壞了」。找到一個紙盒子，鋪上舊棉，把兩隻殘壞的小雞放到裡面穩住。

這一種雞我們稱為「拳悃雞」，殘疾，不大容易成活。

第二天，姥姥用兩個小細棍用線繩捆在雞腿上，叫標住，有點接近西頭村胡半仙的外科手術。幾天後，雞腿竟治好了。它們一顛一顛會走路。

我姥姥紡花的時候，它們戀舊，一一臥在我姥姥腿上。

過了端午，家裡炸油饃要上供。我看著院子裡跑著那兩個毛蛋裡出來的小雞，一隻是蘆花雞，一隻是蠟黃雞，都是母雞。

這是很險的一件事情，要是我姥姥晚一步從熱鍋裡撈出來，那兩隻雞早就下我肚子了，兩隻雞我會變成屎又痾出來。

2012.11.28　客鄭

毛豆腐的虛榮

廚師們嘴大遼闊，吃過東西很多，吃過風聲雨聲，食物眼界高，大家都吃得口滑，口刁了，他們閒時聚在一塊，便想琢磨一種新食品，接近亂燉。

這習慣有點像普天下政治家們聚在太平年代，大家都不能寂寞，必須得搞一點階級鬥爭論，方顯英雄本色。食物也常常創新。

豆腐系列裡面有一種做法叫毛豆腐，就是那一次出現的新菜。

把一鍋水先燒開，將一塊豆腐攪碎，成塊狀，入開水裡面煮，三分鐘之後，撈出晾涼，再拌入芹菜、豆角、芫荽諸類配菜。加芝麻香油，加佐料。盛在青花瓷盤裡，有了另一番樸素風味。

一位表兄中午為我講過這一道菜，我聽後，忍耐不住出門，拐彎到楊記豆腐坊去稱了一塊豆腐，拿到廚房。你當場實驗吧。

鄉土菜本質上大都入口，入胃，入心，入味蕾，卻入不得公開的大席面，都不自信，怕掉份子。這是宴席上虛榮的一種。面子好看，肚子不適。

這道菜再可口，習慣上也出不了自家的一座廚房。

2013.5.4　青年節吃豆腐

某年某月某一天

（裝飾過後的一篇和吃有關的日記）

1

上世紀某一天日記非虛構，這樣記載：

我過的是一種世俗生活。我只有無可奈何的去喜歡。早上起來先去蒲城小胡同喝一碗糊辣湯，老闆說是西華逍遙鎮的正宗糊辣湯，裡面有黃花菜，細粉，麵筋，海帶，胡椒，最後我才看到牛肉。步行返回，賣雜麵窩頭三個，又見一鄉下村婦在賣栗子，四元一斤，稱十元，給兩斤半。我一向認為栗子的氣息迷人，栗子麵鑲嵌在指甲蓋裡，剝栗子讓我能找到一種安詳。使我回憶風中舊事。在舊書攤上八折購一本《養牛手冊》，開出大鈔一張，店主換不開零錢，我又想要，也算急中生智，遞與旁邊店鋪機選彩票兩張。期望能牽一頭紙上談牛的牛了，走時過藥店，別忘了買一瓶「三七化痔丸」，八元五角。中午飲酒配用。

大概「一日就是一生」。而已。

我囂張之日，一位品位極高風度優雅的女友調侃我一句：你是又窮又酸。

我儘管心有自尊，可細細一想，指責到點子上，讓人自卑後不承認都不行。高人穴位就是這樣點的。畫龍點眼珠子。自信心啡嚓一聲全折。

我喜歡非虛構，可是記不清這一天時間，題目只好標上某年某月某日。像鄧麗君的那一首歌詞的首句。一個時代的碎屑。恍惚都是黑螞蟻。黑芝麻。

2

一個人得痔瘡不能選擇，但一個人服藥可以講究。化痣丸一天兩次，一次六克，六克是33小粒。燦若繁星。記得那一天，我晚上伸手一數，不多不少，恰好33粒，猶如神助。

2008年-2013年前後　兩段舊稿

馬槽裡種荊芥——《荊芥志》之二

家裡有一方閒置的青石馬槽，九尺長，兩尺寬，一面邊沿上鑿有四個石孔，用於穿韁繩拴馬。世上有拴一匹馬的槽，有拴兩匹馬的槽，這一方馬槽能拴四匹馬。我推測當年馬鼻子溫潤著青石，能把白霜烤化。

馬散去了，馬槽閒置，馬槽歸我，這是必然規律。可是，空的那些最後歸誰？

馬槽拉來前我原想在裡面養魚，買了一群鯽魚。魚戲馬槽東，魚戲馬槽南。詩意盎然，不料馬槽缺氧，最後魚們一一翻白肚子，魚戲馬槽西了，我才知道馬槽夏天不適合養魚。

馬嚼咀魚鱗。荊芥發汗解熱。汗血馬不靠吃荊芥表現自己。藥書上明示：凡服荊芥風藥，忌食魚。荊芥反魚。

我不想讓馬槽閒置，開始填滿沙土，要撒上荊芥籽，平時不敢多澆水，保持相應濕度，十天後，發出一層綠，長出來滿滿的一馬槽荊芥棵，有的不甘寂寞，還從石孔裡透綠來表現。

有馬的年代，村裡人用馬槽餵馬，無馬的年代，我在馬槽栽種荊芥。我相信，馬槽裡長出的荊芥和菜園裡長出的荊芥不一樣味道，和現代化農莊裡長出的荊芥不一樣，每一面葉子上沾有馬鼻子的呼吸聲，垂落的馬鬃沉潛在葉子裡面，形成紋絡。

天下人多以荊芥入藥，只有河南人嘴刁，有吃荊芥的習慣。涼調。荊芥拌黃瓜。炒千張。醃製。炸麵荊芥。村裡馬三強家的馬家麵館裡，有一道荊芥洋蔥，竟對外號稱「老虎菜」，聽名字嚇人一跳。馬家會吹，虎鬚上也不怕發汗。

吃荊芥時，不必心急，把麵條過水先撈在碗裡，澆上鹵，最後入黃瓜絲，掐一把荊芥葉子，攪拌在撈麵裡。

沒有荊芥的撈麵缺少靈氣，就像一個土豪出門不會背出兩句唐詩，撒上荊芥，一碗飯頓時就有了精神。

蘇東坡吃荊芥嗎？是一道難題。我會解。

2014.6.4　客鄭

麵筋泡和蒜汁和書法

食界不一定全食荊芥。

昨晚回牧野，和一詩人，一書家，一印人，倆畫家諸兄聚餐，大家說吃綠豆麵條，主要是綠豆麵條解酒。書家老兄先說開店者是自己表妹，我說你表妹焉能普天下？讓人羨慕。書家老兄立即打電話囑咐，說：表妹必須要手擀，要麵厚，要切細。

果然是表妹。

上來皆是大碗，大家喝得一絲不剩。這是我們那裡廚師都喜歡看的結局。膾炙人口。

他們都是風味美食家。表妹出場了三次，最後表妹夫出場了，上了一盆「麵筋泡湯」。麵筋做成小丸子，叫麵筋泡，炸後燴湯，青花瓷盆裡，漂著碎芫荽，麵筋泡一一沉浮在湯裡，周圍襯托幾片綠菜葉。

麵筋泡湯裡必須要加蒜汁？

很少有店家這樣來做，尚屬此次飲食新得。我對書家說，這近似楊維楨的字，不可學，學不好會壞味。

麵筋泡湯須趁熱來喝，一停就有一股死蒜氣。想到我姥爺說過，搗蒜的蒜臼用木質的會有死蒜氣，用石質的沒有死蒜氣。我家的就是在浚縣大伾山下買的石蒜臼。

楊維楨顯得冷僻，多被後人躲去了。

書家讓我當場點評楊維楨。

過去我讀過楊維楨的詩文，清秀雋逸，別具一格，他長於樂府詩，以史事神話入題，詭異譎怪，被人譏為「文妖」。我覺得文妖好，這才是文壇領袖之風采。不然就鎮不住壇內中國書協會員。

兩天後回到聽荷草堂案上，我再看楊維楨的字裡行間，就是嗎，他加了一勺蒜汁。楊維楨沒有對人說破，這是他的秘訣，八百年之後才被我偶然比喻到了。

多虧那一碗麵筋泡。

2014.9.20　在新鄉

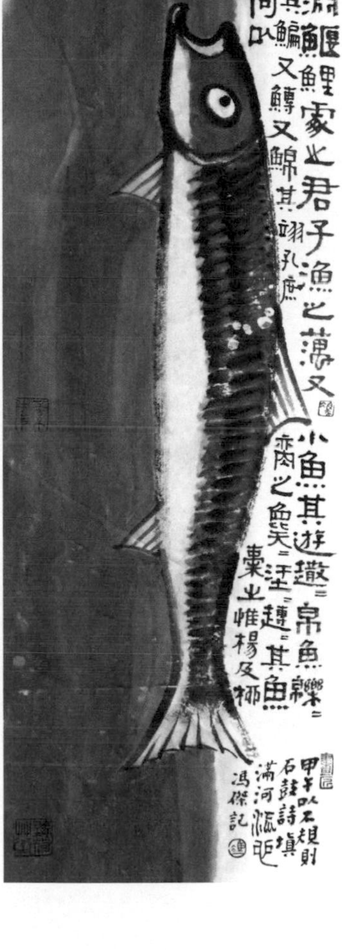

N

「那碟子配上鮮荔枝才好看」
——《紅樓夢》第37回人物語的啟發

此話我是說不出口的。這是《紅樓夢》裡人物說的雅語，透出一種生活的講究。我喜歡晴雯勝過林黛玉。我們世俗人家什麼粗瓷都可以湊合。

我最早知道荔枝源自杜牧，杜牧源自楊貴妃，楊貴妃源自驛馬的速度，驛馬的睾丸源自荔枝核的收縮。那荔枝碰到楊貴妃算是見到了知音。

荔枝性熱，多食易上火，能引起「荔枝病」。（真令人羨慕的病啊。）

胡半仙醫生告訴我：荔枝病是指一些人進食大量鮮荔枝後，出現頭暈、出汗、面色蒼白、乏力、心慌、口渴、饑餓感等症狀，重者四肢厥冷、脈搏細數、血壓下降，甚至抽搐昏迷。我請他核實一下，這哪像說吃荔枝，分明是解釋發「羊角風」。

他也是道聽途說。

蘇軾有詩句「日啖荔枝三百顆，不辭長作嶺南人」，蘇軾都不怕上火，他竟沒有寫荔枝配綠豆湯同吃。綠豆湯配荔枝最科學。氣質上一升一降，持平。

我能吃到荔枝是後來的事了，在北中原鄉村，十年前吃荔枝屬一種幾近奢侈的行為。道口鎮的正副鎮長的正副夫人都沒吃過。

吐出來相互比較的話，荔枝核和枇杷核和龍眼核有點近似值。三十歲以前我分辨不出來。

有時，我連那些沒用的東西都捨不得扔掉。和一個人說過的話，抒過的情，都想把它們串成念珠。掛在牆上，看著它們。和它們再說一次。

2014.7.9　客鄭

牛屯火燒正傳（火燒十八旋的秘密）

詩有別才，非關理也。我少年時代，在方圓十裡頗有詩名，一天黃昏，二姥爺遠行趕集來給我捎來兩個牛屯大肉火燒，同時還捎來當地一文人牛天風的詩，捎話說讓「斧正」，二姥爺說：「我不懂詩，知道人家這是謙和，實際是展示。你先看看，以後大家隔閡好的話，還會有火燒吃。」

我就看那詩，詩曰：

麵團半斤重，旋圈十八層；
內填豬油餡，外塗豆油烘；
爐內翻八遍，兩油相交融；
黃焦且酥脆，佳味饋親朋。

我說，二姥爺你弄錯了，這是記錄打火燒的方法，不能算是詩。我二姥爺非說是詩：這我還能分不出來？我對我二姥爺說：你要不說是牛屯人寫的詩，我還以為是洛陽的白居易。二大爺不知道我使用反諷手法。我那時都會耍小聰明。

即使是詩，我覺得這詩一般，牛屯火燒比牛屯的火燒詩更好。以後，我看過多少官員寫的「火燒詩」。

二十多年後，在二〇一四年北中原的秋天，我到滑州參加「歐陽修盃文學筆會」，看到了牛屯火燒的真面目。

它的特點是個頭大，味道獨特，製作考究。我站在一方火燒爐前看那兩口子在配合打火燒。女人說，先是溫水和麵，拉成長條，塗抹鮮豬油塊、花椒麵、茴香麵、蔥花和碎鹽，卷十八層成圓形麵團，在油鏊上煎硬後，再投入爐膛壁上烘烤，翻轉十八遍，遍遍都塗豆油或大油，使內填的豬油塊熔化外浸，外塗的食用油內浸，烤熟後的大火燒，黃焦酥脆，味道鮮美，香而不膩，用手掌一拍即成碎片。

那看看是不是十八旋？她舉給我看。因為太突然，我也數不清。

恍惚覺得她是對少年時代那一首詩的注釋。

那一天，我還到牛屯鄉南面的暴莊拜謁民國著名廉吏「暴方子紀念館」。六年前我寫過一篇注釋《暴方子送米圖》的散文《鵝毛大片》。再回到牛屯時，刮起一地黃風，那位陪同的副鄉長臨別贈送我們二十六個剛出爐的熱火燒，我敬佩他的廉潔，說：鄉長是古風，古代人分別贈柳，今人作別你都贈火燒。

鄉長說：別小看，這是咱縣的非物質文化遺產，請大作家們回去後多給宣傳宣傳。

那一條「長濟高速」就橫在前面。在北中原的風中，我咬一口火燒後大失所望，咋不是我小時候吃的味？記得我那位堂兄還在梆子戲裡唱過牛屯火燒。那一段戲文確實是好。

2014.10　客鄭

附：

看牛天風如何打火燒

牛屯製作大火燒有一種不約而定的傳承，寧缺勿濫，寧肯少打幾個，少掙幾毛錢，也不粗製濫造。

牛天風他爺當年是第八代火燒傳人，在集上，買他火燒的人特別多，排著長隊，大家都想趕緊拿到手，入到口，下到肚，催得牛師傅有點煩。他又不願偷工減料，糊弄大家，忽然起身，端起一和面盆水，呼的一聲，把水澆到爐上，火燒爐澆滅了，賭氣說：

「今天爺不打了，你們愛買誰的就去買誰的。」

這是火燒之外絕技之一。

那年，牛屯有四十家火燒爐。且爐火正旺。一字排開，像後來的「大煉鋼鐵運動」。

2014.10.23　補充

O

藕如果沒有，那就上蓮菜

藕和蓮屬於並列句式，我們村裡稱蓮藕都是一樣的菜。

我姥爺分得更詳細，他說根叫藕，果實叫蓮，不可混淆。我畫畫，知道那種外部的藕色和切開的白色不好調製出來，我姥爺說這專門叫藕灰，就是藕色。鈦白加赭石加藤黃。

村裡收穫藕叫「踩藕」。我踩過。

冬天赤腳下到泥塘裡，踩藕要巧勁，不可踩重，踩重藕會斷，不可踩輕，踩輕會遺漏。一腳一腳前挪。找到合適藕節，從根上踩斷，再用腳挑出水面。抓把泥塗在斷口處，以免灌進水。藕內有空氣，能浮上水面，一旦沉入水中灌進了泥，新藕會貫穿一股股青泥味，口感要打折扣。

袁枚
語曰藕須加貫米加糖自煮并湯極佳外賣者多用灰水味變不可食也余性愛食嫩藕雖軟熟而以齒決故味在也如老藕一煮成泥便無味矣
二零一四年一月二日寓鄭在壬辰舊作上補字也
時窗外霧霾 馮傑記
明鏡止水以澄心
明鏡止水以澄心的也
癸巳末
馮傑記

踩藕的人出來時也一身藕灰色，凍得渾身打哆嗦。多虧了藕沒有鱗片。那些鄉村的冷是白色的。

在我家裡，藕是一種備用的快速菜，多是來客人了，急急涼拌入盤，風格是脆的，必須用我姥姥自己淋的高粱清醋不會發黑，最是般配。

有一年，我還吃過一次紅藕，竟是面的，少見多怪，飯店小二平靜地說，是鄂藕。

我畫的最多的題材就是荷花。手下開過不止一畝，兩畝。鋪開五十畝都有。豎的荷梗須橫著來畫，且要一氣呵成。

我家院子裡並沒有種植蓮花，書房偏偏叫了「聽荷草堂」，許是缺少，才作心理補充。這是我等酸腐文人的一種通病，是我對蓮花立場的一種表達。面對人生，它屬於我的一題荷花方程式。

後來，我還囑文請一位篆刻家大朴先生給刻一章：「紙上種荷」。這意思端的是好。蓋上不盡興，又刻一章：「寫盡荷花亦讓人」。對待藝術和人生，我如是來，我知道都不應該霸道。

每次出入飯店，我最喜歡那種簡單明瞭的菜。也是一種食物立場。

有一次宴前要上菜，我對一直推薦鮑魚三文魚中華鱘果子狸魚翅娃娃魚的服務生說，你叔叔平時我只吃兩種菜。他問哪兩種？我說，沒有藕的話可以上份蓮菜。

2012.11.26　客鄭

熰啦・一個小食詞

食物烤焦、燒黑，在村裡的飲食專業術語叫「熰啦」。

那些年，從南面長垣縣來村裡一個賣鐵鍋者，自行車兩邊帶一摞鐵鍋一路叫賣，他在表白鐵鍋的好處時，會說這鐵鍋炸油饃「炸不熰」。

照現代醫學養生觀點論，燒焦的食物不能吃，就是說「熰」有致癌物質。

我姥爺講村裡一個飲食軼事，說當年趙刺蝟他爹不識字，有一次進道口鎮，看到一群人都在圍著，看牆上一張槍斃滑州「反革命分子」的告示，鬥人的年代，那一群人像好事的烏鴉。他爹作風雅狀，也背著手在告示前看，有一個不識字的人好奇，問他上面的黑字是啥？趙刺蝟他爹一點不驚，沉思半晌，說，那上面是「熰啦」。

人。

他爹回頭看，問話的是一個長著一臉絡腮鬍子像鞋刷子頭髮像一叢風中荒草的人。

後來趙刺蝟出生了，成了滑州一員造反派的幹將，在全縣「破舊立新」，他爹的故事成為鄉村酒桌上討伐趙刺蝟時的一典故。

有一次，我在家裡炸油饃，用火一時太大，沒有掌握好灶台的節奏，把一鍋油饃都炸熰了，認為不能吃了，要扔掉。那些炸熰的油饃上面焦紅，下面焦黑，一一縮在面盆子裡，顯得很委屈。

三天後的一個晚上回家，一看，盆裡竟一個黑油饃也沒有了。一問，是我姥爺覺得可惜，得費多少功夫啊，他捨不得扔，把那些炸熰的油饃都一一吃掉了。

2014.10.23

P

配方・和尚之意

——鄉村讀食譜記

與其說是一個禿頭和尚開的藥方，不如說是曹雪芹親自執筆。寶釵有哮喘病，發作起來，得吃一丸「冷香丸」方可止住。問世間哮喘為何物？誰配得哮喘病？曼殊菲爾德、李清照、林黛玉、林徽音這些才女。孫二娘、穆桂英、扈三娘都不配得。何謂冷香丸？冷香丸且是如何製造？根據曹氏藥方，我耐心揣摩，感覺比出口軍火，比當代搖頭丸工序要複雜。

須要春天開的白牡丹花蕊十二兩，夏天開的白荷花蕊十二兩，秋天的白芙蓉蕊十二兩，冬天的白梅花蕊十二兩。僅藥材難找就不說，四樣花蕊還要于次年春分這一天曬乾，還要有雨水這一日的天落水十二錢，白露這一天的露水十二錢，降霜這一日的霜十二錢，小雪這一日的雪十二錢，四樣調勻，製成龍眼大的丸子，盛在舊瓷壇裡，埋在花根底，發病時，拿出一丸，用一錢二分黃柏煎湯送下。

要耐心。誰把這藥丸子最後吃下去，一準就是行為藝術家。

藥方的過程：迷離。魔幻。荒唐。想像。纏綿。奢侈。講究。有趣。這藥方開得就像一篇童話。曹雪芹只有將那單子遞給寶釵了。

什麼人就得服什麼藥，方符合身份。關於冷香丸，清風寨裡將宋江吊在柱子上

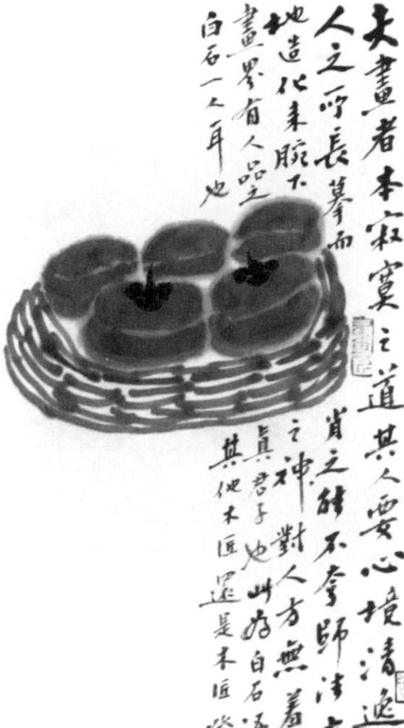

的好漢們會不屑一顧，根本就不吃，甚烏黃柏煎湯，「只管捲起袖來，手中明晃晃拿著一把剜心尖刀。凡是人心都是熱血裹著，把冷水潑散了熱血，取出心肝來時，便脆了好吃。」一個「脆」字，用得多好呀，不亞於王安時那個有名的「綠」字。

曹雪芹如果讓那些好漢配冷香丸子服，大家肯定沒有耐心。會一腳踩在地下。都是這禿驢惹的。

2008.7.7

披虎皮的辣椒

看一本翻譯過來的書，裡面冒出來一句「披虎皮的辣椒」，以為神妙，可是形容辣到極致狀乎？不解。我對高妙的語言一向好奇敬佩，後來求知，問一方家，知道烹飪誤解，竟是飯店裡常吃的那一道「虎皮尖椒」。

一種炒菜變成是「故意的譯」。譯者肯定是一位現代詩人，像龐德那樣的偏才。妙手可得，俗手難為。

有一年旅次，在成都杜甫草堂旁邊點這一道鄉土川菜。看小廚手在灶臺上紅光滿面，摻和著四川話盡興表演。白盤子上來時，我抬頭看到草堂紅牆裡的一排排大竹葉子搖晃，恍惚像掛滿的一顆顆青椒。小廚手炫耀說，唐朝就有這道菜。

杜甫吃過辣椒嗎？

我靜靜想想，沒有。這四川佬是在對格老子吹牛。那個年代辣椒還沒有傳到中國，我的這位窮老鄉沒有這一口福。我職業毛病又興起，想想，沒告訴小廚手這一常識，看他那樣子，深怕打擾了他一時興致頓然加價，讓他一直錯下去吧。他只需要技巧不需要知識。

交流灶頭體會時，他告訴我這個菜必須要略少炒糊一點，青椒皮上要有點點微斑，像黑芝麻粒，方見水平。關鍵是掌握油的火候。外脆內軟，太好吃了，咳嗽者也可以食用，這叫砒霜治病。吃死不負責任。

這時刻，我才給他說：杜甫根本沒有吃過。

太突然，他竟然沒有明白過來咋回事。

猛虎嗅薔薇，需要內心溫柔。披虎皮的辣椒，外強中乾，兩者都有異曲同工之妙。

小廚手慧根不茂，白白虛度了傍在杜甫草堂的好時光。看來他只配給唐太宗炒虎皮青椒吃。把歷史炒糊，炒亂。像當下這個亂相之世，點點微斑。到處都是放大炮拍磚頭噴狗血的國學大師。我周圍皆是。

2013.12.5　客鄭

評論油饌

集會上，有一種小吃，人民發音讀作「油蒜兒」。我後來一查，專業應該叫油饌。

油饌這種小吃在賣相上，看起來像陝西的羊肉炕饃，一下嘴，方知道裡面是大肉，屬一種地道的河南麵食。油饌秉承了豫菜裡的「麵的精神」。

縣城裡一共兩家「打油饌」的，東街一家，西街一家，都屬「杜府油饌」，對外號稱「百年」。油饌選料講究、做工精細，要把油饌吃進口中要經過幾道製作工序。

精選五分瘦、五分肥的豬後腿肉，加入新鮮大蔥剁成肉粒，放鹽調和。用麵將肉胚包裹，製成餅胚，放案頭鐵板石子上連煎帶熥，把餅胚煎熥至半熟，開一小口，灌入雞蛋，再反覆煎烤，一手還要不斷刷油，一方油饌成熟的過程大約二十分鐘。

油饌特色是色澤金黃、外焦裡嫩。下嘴哧哈一聲，感覺鮮香撲鼻。

有一天我去西關買油饌，看到招牌上多了「油饌大師」四個字，看路邊貼手機屏的攤子邊也有招牌——「貼膜大師」，覺得「大師」稱呼可愛極了，若昔日村裡人稱呼「老身兒」。是對手藝人的尊稱。

我小外甥女對我說：匡城在外地的好食者造出來一個美食口號「不到長城非好漢，到了匡城不吃油饌真遺憾」。這口號一點不押韻，囉嗦。外地的同學都讓我郵寄油蒜兒。

我問：這口號好聽不？

她說：不精練，不順口，沒有你寫得好。

我一得意，就多給外甥女加了一個油饌。

油饌因為有了一道食名，有人走親訪友時要捎到百里外的鄭州、新鄉、安陽，許多人吃後表示失望：奇怪呀！咋和小時候吃的味道不一樣？

我的看法是：美食的口感多取決於時間。它的秘訣是要趁熱來吃，站到店鋪前頂著霜吃更好。涼了，就一如前朝舊事，都是舊臣。會有一種煙薰火燎的味道。吃食不像讀史。

在其它地方我還真沒有吃到過這種油饌。

我們村裡人一直堅持一種自己的飲食視野和標準：認為只有吃過油饌才算大開眼界，見過世面。這觀點夜郎自大，如荊芥定律，有點和我三年前寫過的吃過大盤荊芥近似。

2014.7.25　鄭州

平底鐺之憶

器物背著鐵青色身子，它一直貼在夢中的一面磚牆上。它不轉臉，如若轉臉真怕它淚流滿面。

它屬於家裡炸油饃的小鐵鍋，叫平底鐺。看摸樣鐺不讀檔，讀cheng。屬於日常口語。我姥姥生前的每一個口語在她去世二十年之後我都能一一找到一個相應的漢字。她不識字，她讀得多麼準確。

我姥姥說，早先有一面平底鐺，是「大夥食堂」那年她悄悄留下來的，藏在床下，我媽那時是個孩子，每當我母親喊餓的時候，取出來，悄悄煮些稀麵湯喂我媽。

鄉村的平底鐺都是用生鐵鑄造，來自道口，來自長垣。這一面平底鐺是我姥爺在集市上的鐵器鋪買來，家裡過日子，一般不炸油饃，平時它就貼在牆上，彷彿在聽人說話。該使用它了才下來，一院子油香。飄到胡同。

平底鐺功能穩定，那裡炸出來的油饃成色均勻焦黃，擺在盤子裡個個整整齊齊。如來客人，也給主人使面子。

我家裡有三種鍋，其它兩種是蒸饃鍋，炒菜鍋，那一方尖底的炒菜鍋炸油饃略顯遜色，鍋底深淺不一，油的溫度掌握不准，容易炸熰。

有一次，我失手了，讓艱難爬出鍋的油饃個個面目焦黑。像黑旋風出窖。

專鍋專用，是灶頭的食物品相好的緣故之一。每次使完，姥姥要等平底鍋自己晾涼，端在油罐口上把殘油控乾淨，再掛到牆上。

有一次做夢，牆上像一面鐵斗笠。掛滿風雨。

和我開頭寫到的那個意象一樣。

2014.10.25　客鄭

附件：

《酉陽雜俎》裡的一面鐺。這面鐺有腿，可立。

「貞元初，鄭州百姓王幹有膽勇，夏中作田，忽暴雨雷，因入蠶室中避雨。有頃雷電入室中，黑氣陡暗。幹遂掩戶，把鋤亂擊。聲漸小，雲氣亦斂，幹大呼，擊之不已。氣複如半床，已至如盤，豁然墜地，變成熨斗、折刀、小折腳鐺焉。」

這是河南先人靈魂集體鬧事，開始介入日常生活的一次夢想嘗試。裡面摻和著「鐺變」。近似黨變。

2014.11.14　客鄭

Q

槗

不是過河拆橋的那一座橋，「槗」是對茄子的稱呼。

北中原把茄子叫做「槗」。吃茄子就叫「吃槗」。不怕槗樑橫豎扎嘴。引申起來你又不能反過來作名詞使用，去稱呼「武漢長江大茄子」。

茄子是我家裡主要菜蔬。我姥姥把茄子蒂都捨不得扔，耐心做成菜。簡樸得感動。小時候鄉村分菜時，形式上一如古風。偌大打麥場上，排滿生產隊裡二十來戶人家的蔬菜，大堆，中推，小堆。裡面有黃瓜，菜瓜，冬瓜，蘿蔔，小的辣椒，有茄子也就是槗。

古樸的是，菜堆上放一爿竹牌子，另一竹爿上繫著一條細繩子在我家牆上掛著，我需要帶去和菜堆上的一對，正好合縫，上面是我姥爺的名字「孫舉善」，那就是我們自己家的一堆。我姥爺家人口少，分的菜堆顯得要小。

每次帶竹爿取菜的事情由我來做。我在鄉村黃昏穿梭。像小妖一樣帶著腰牌出場。

麥場上，那些茄子等著我來，白的茄子，紫的茄子，綠的茄子，青的茄子。它們統統都叫「橋」。

菜蔬裡，要炒吃的話，茄子是最費油的一種菜，我姥姥稱作茄子「喝油」，捨不得炒，家裡多是把茄子切片蒸熟，抹上蒜泥來清吃。

我喜歡秋天收藏菜籽，在春天下種。中國歷代大收藏家沒有這個愛好，我的中原老鄉張伯駒只收藏「展子虔遊春圖」。

二〇〇九年晚秋我首次到臺灣，在臺北街頭看到一家賣蔬菜種子的小店，知道臺灣出售西瓜是論「顆」賣的。一時興趣來臨，我挑選了幾小袋子蔬菜種子，我要帶回北中原種下來。其中最器重的一袋種子叫「芝麻茄」。芝麻茄細細的，長長的。

古代多種蔬菜能在歷史上交流蔓延，多虧有像我這類閑淡人。譬如絲綢之路上的某一位胡商，某一位落魄的詩人，某一位扭細腰的胡姬。

第二年，播種時節來臨，穀雨前後，我還分成幾包送給鄉下三家親戚試種。我院裡「臺灣芝麻茄」發芽了，茄棵上長出葉子，遲遲不開花結茄。問那兩家鄉下親戚，也沒結茄子。由藍到紅，是水土不服嗎？

我可是跨過整整一條海峽來的，不要辜負了一種茄藍。

這一失敗的結果讓我遺憾不已。感覺種茄子之難大於國共合作。

2014.7.23　客鄭

R

肉餡包牛

包子、扁食口味的好壞，不在於皮的薄厚，取決於內部餡的豐富。餡搭配要大膽，譬如蘿蔔配羊肉，茴香配白菇，土豆配泥鰍。還要合乎情理才對，你蘿蔔加入貓鬚虎骨明顯就不對。

剁餡需要一種灶頭上的耐心，不能心急。我母親不說剁餡，是「盤」，把剁餡說成「盤餡」。盤餃子餡，像理青絲叫「盤頭」一樣。這稱乎包含有一絲細緻的手工精神。

春節盤餡時，廚房窄，我父親有時求快，會雙手剁餡。兩把菜刀，高高低低。菜墩上聲音均勻，那些聲音像一一被斬斷，燈光伴蔥伴薑，和聲音混合在一起，佈滿一間小小廚房。那些溫暖的燭光開始向身影傾斜。

我剁大蔥餡時，蔥白氣息瀰漫開來，往往被辣得睜不開眼睛。我爸說，放到菜

案邊一碗清水就不辣啦。

上善若水。我乾脆左右各放一個。兩個上善。

餡裹在皮內部，好壞不易看出，只有隔皮斷瓤，你不吃不知道。

餡好吃全憑要剁到位，最後再調合。如想要餡香，剁好後可加入芝麻油。按順時針來攪餡。逆時攪餡，就春秋戰國了，那些頂著流動的時間也會不香。

和我家一樣，村裡一般人家不捨得多放芝麻油。

春節來臨，隊裡飼養員老德養的牛病死了一頭，扔了埋了，都覺得可惜，剝了一張黃牛皮後，隊長決定全村人民把肉分了。

肉少，人多。有的人家裡只有一小塊。

一隻狗偷一塊骨頭，從村東興奮地跑到村西。

我二大爺從滑縣城挖了一冬天衛河，這天歸來，蓬頭垢面，吃我二大娘包的牛肉包子，吃了四個，方有閒心，說：「你這包子我都吃了三里地，也沒有吃出來一絲肉，這也能叫包子？」

我二大娘讓他就湊和吃。

我二大娘結尾時說：「嫌少？我要是包到餡裡一頭牤牛，跑出來還不抵死你！」

2012.12.3晚　在豫中魯山

「肉絲帶底」的另一種版本
——村裡最好的下酒涼菜之一

村裡許多人出手都會做這一道菜。原料簡易，便於操作，上桌卻不失客人叫好；菜名叫「肉絲帶底」。

在鄭州、開封的豫菜大師們都不好意思把這道菜作自己的代表菜。因為大部分人灶台會做。

四川工作大半輩子的表舅當年來看我媽，我推薦此菜，食單一展，我說，先點一道肉絲帶底。莫名其妙的名字讓表舅好奇，味蕾輩出。

果然食後達到一定效果。表舅走後，對其念念不忘。說「這名字咋起的？」

先把加工好的粉皮絲要提前切好攤在盤底，肉絲以豬後腿肉最佳，配料選嫩芹菜或蒜薹，切成相適寸段，淘淨後備用。炒時把肉絲和芹菜直接入鍋，熱油煸炒，熟透後加入醬油食鹽，攪拌均勻，盛盤。

澆上香醋，芝麻油，芥末汁，上面是熱肉絲，下面是涼粉皮，吃時用筷子調拌均勻，特點是熱冷相容，聯袂出場。口感上五味俱全，酸辣利口，大有冰火兩重天之感。

馬三強對我說：墊底的粉皮要選綠豆粉皮，煮後切絲不亂，玉米粉皮會口感打折扣。

馬三強對我說這點才是關鍵：是芥末提味，芥末要焖好的芥末，芥末的介入把這道菜上升到高處。

我對他說，還有一個你沒說透：吃這道菜必須連打噴嚏，打噴嚏時，鼻涕和粉皮相溶一體，柔指相繞，全身通透，這道菜才算達到最佳之境。

我要比劃。

有一年道口鎮的一位收藏家來，買我一幅書法斗方，我說抄白居易〈長恨歌〉吧，適合抒情。

他慧眼識珠，鼓勵我：「你給我抄肉絲帶底菜單，附上操作方法，會和張大千的食單一樣值錢的。」

我模仿倪元璐手筆，下筆入墨，果然沒有肉絲帶底那道菜好操作。墨裡根本無法加入芥末。

2016.2　初一初稿

如此之稱・包飵

飵在字意裡，是麥粥之意，「既能置魯酒，又複餉楚飵」，這一句顯得文縐縐的。

只有在北中原才有的一種麵食，我們發音就叫「包飵」，濁音。對一些土語我無法恰當照應。衡量無奈後。我決定使用此字——飵。

我母親把用白麵包的叫包子，裡面必須是肉餡。外面用白麵皮，裡面是豆腐餡的叫素包子。最次的那一種叫「飵」，用雜麵包皮，操作過程叫「包飵」。包時用雙手捧著，耐心撮合，小心翼翼，像捧著一位老佛爺。

飵的內容多屬雜亂無章，餡是煮熟晾乾的白菜葉，粉條，白蘿蔔絲、紅蘿蔔絲、其它時令乾菜，條件好的人家會加上脂油渣，外面的雜麵皮是高粱麵，玉米麵、豆麵摻和。

飵蒸熟後，起鍋時有點高難度，不是灶台高手往往會功虧一簣。

吃包子是改善生活的一種真實表現。

父親對我說過一則包子遺事，和上篇二大爺說的神似：

都說某某店家的包子餡少，吃不到餡，有一天，一個人說他終於吃到了，吃到一張紙條，展開一看，上寫一行毛筆小楷——

「離餡還有十里」。

那時，我手中的餡正是乾菜，黃昏燈光溫馨。這包子裡的故事真是好笑極了，有我父親的暗幽默。

那時，他正教我寫字。

後來一細想，我爸是否想讓我把毛筆字寫好？

2014.12.10　客鄭　買包子時想起舊事

人肉和標語有關

劉九州從羊群裡化妝走出，赴京告狀失敗回來，他迷路了。路過鄭州時，順便捎帶來一套能賺錢的手藝活。就是造「人造肉」。

從這一年春天開始，在北中原飯桌上，雜亂的食譜裡出現了一種新菜——「人造肉」。技術來源於鄭州某個食品作坊出奇的加工改造，那些作坊人深怕無根源出處，為增加含金量，就貌似謙虛說，人造肉的發明實際上是來自外國。我問是哪國。他們想想，回答是美國。

人造肉實際上是一種豆製品，內容為大豆蛋白質品。近似衛輝縣製作的豆筋，封丘縣製作的豆皮。

大家把外國的理論摻和到豆製品裡了，會出現一種質變。

他們往往在夜間再繼續加工改進，附近村裡小作坊會做人造肉的很多。趙莊、河門頭村、郭固村，道口鎮，甚至濮陽、安陽、新鄉，但是，造人造肉最多的主人還是高平村的劉九州。

集市上菜販子除了出售白菜，菠菜，芹菜，最多售的菜蔬是「人造肉」。我姥爺也喜歡買人造肉。每次趕集總要買回一捆，主要是價格便宜。

人造肉吃法簡單：焯水涼調，或配芹菜，白菜爆炒。最適合熬雜菜，佐以蘿蔔，粉條。一個鄉村辦紅白事時候，多使用它，人造肉還有一個特點是耐嚼，煮不熟近似金腰帶。我二大娘的評論是「筋道」，「出菜」多，在生活裡，其它菜虛，最虛的是炒青菜，青菜最不「出菜」。過日子這點才是生活關鍵。

劉九州為了佔領市場，開始大量在高平鎮管轄的地理領域拓展企業文化，出錢讓人寫標語廣告，附近村裡的幾位民辦教師都寫過，教師們讓小學生提著石灰桶，教師執筆刷標語。我也寫過，有時一天開三塊錢。

主要寫一條廣告標語：「物美價廉——高平南街劉九州家裡大量出售人造肉」。廣告標語連著寫了一個多月。劉九州說效果奇好，對這句話證明的是造肉機器日夜響個不停。輝煌於祖上傳承的豆腐坊。

有一天夜裡，有人悄悄把標語上的那個「造」字塗掉了。

過了三天，派出所裡連夜來了兩個警察，開始焦急地敲打他的鐵門。

砰！砰！砰砰砰！

2015.11

S

食堂菜

是要說兩個食堂。

一個是我經歷的食堂，坐落在黃河大堤下面孟崗小鎮東頭，由供銷社主辦，裡面主要是一種「熬菜」。熬菜成分包括切碎的油饃頭，紅薯細粉，白菜幫，偶爾出現一兩片肉，比外星人都少見。熬菜開始是一毛一碗，後來兩毛一碗。冬天放學時我喜歡站在灶邊向火，看爐火通紅，映照廚子的臉。我一邊使勁聞，以鼻子來撫摸那些免費的菜味。

家裡條件好的叫「有辦法」。一個家裡有辦法的同學，經常懷揣一隻空碗，在食堂窗口穿梭，給他爹端熬菜。

我充滿理想。

另一個是我姥爺說的食堂，叫大夥食堂。

滑州進入共產主義那年，人民公社食堂裡的糧食多得要讓亞非拉人民吃。我村的食堂開始吃稠，後來喝稀。再後來大夥食堂每人一天一瓢稀飯，清澈見底。魚翔淺底。

我姥姥領飯時捨不得喝，忍著餓，帶回家讓我姥爺喝，姥爺要出工幹活。我有一個遠門三姥娘，卻不這樣，在路上她忍不住就早早喝完，因此那個遠門三姥爺最後也就餓死了。不過在北中原，餓死一個姥爺不打緊，在村裡我的姥爺多。後來不同的姥爺死了，不同的姥娘才開始多。

我一個表舅姥爺當年是道口鎮一位中醫，李書記來看病。

問：「為什麼浮腫病治不好？少啥藥？」

我舅姥爺說，「少一味糧食啊！」

李書記沉思，覺得這中醫用心惡毒，回去後就逮走了人。

前年我在鄭州濫竽充數當一次烹飪評委，完畢閒聊，在走廊盡頭，忽然吃驚地見到那一個長著一臉絡腮鬍子像鞋刷子頭髮像一叢風中荒草的人。恍惚我少年時見

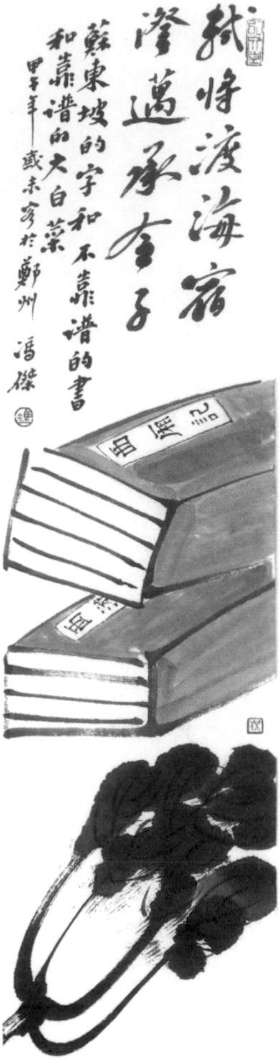

過。他曾立在看芒果歸來的路邊，他在對我爸耳語。。

他吸一口煙，問我中國「九大菜系」是啥？

菜系裡竟還有老九？

我只知道中國有八大菜系。

他說，就是「食堂菜」。食堂菜是中國第九大菜系，廣泛分佈於全中國省市縣鎮鄉各處，烹飪方法有瞎炒，亂燉，猛煮，胡吃，海喝，死吃，吃死。主要特色以不放肉不放油以清湯寡麵聞名於世。

我一怔。兩個食堂菜，我不知他說的是歷史裡哪個食堂菜？

2012.11.29

山藥的鬍子

第一次刮山藥皮時，弄到手上，五指都是癢的，像是皮膚過敏。就找來麻油塗塗，才穩定。以後再見到山藥就小心翼翼。

山藥的毛鬚不好看，一根根毫無目的，橫衝直闖，想扎人臉，遠遠沒有關老爺的美髯整齊順溜。一位鄉村廚師在鄭州做過飯，見過大世面，對我說：長得周正的山藥都不是好山藥，鐵棍山藥最好，可形狀最不好看 。吃山藥你不能揭皮去

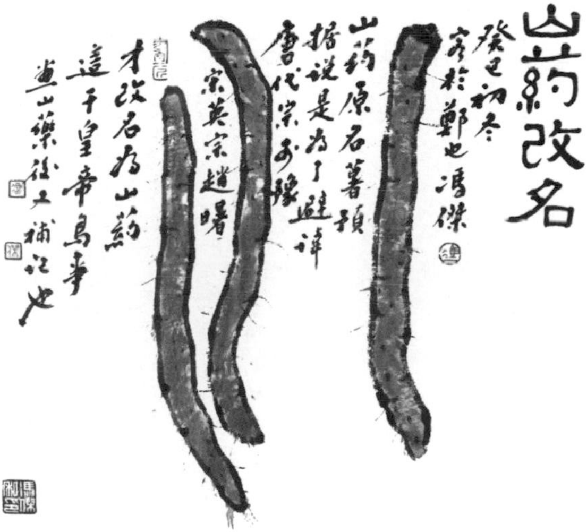

毛，山藥最好的成分都在細毛裡藏著。

照今天的話說，那就是微量元素。

我聽他的，以後吃山藥就不再揭皮去毛，連毛同食，堅持到現在，一直在吸收著微量元素。不舒服的是：只覺得像吃刺蝟的腿。

世上的美食家公認，天下最好的山藥在豫北懷慶府，是「四大懷藥」之一。焦作溫縣的一位詩友對我說，他家門口的那一片山藥田最好。還說當年司馬懿打仗用兵真如神就是全靠吃了自己老家的山藥。

南陽郡的諸葛亮沒有吃過懷慶府的山藥，諸葛亮故早逝了。

羅貫中沒有找到其中的因果關係。

山藥上下都有結果，像是前後呼應。我在院子裡種過幾棵山藥，它們的藤蔓爬到高高的樹上，最後上面還結下一顆一顆豆子，近似羊屎蛋。問一買山藥者，是山藥豆，煮一下可以吃，口感是麵的。

有一年我在村裡陪客，吃一道清炒脆皮山藥時，聽到一個吃山藥的冷幽默。中種瓜的吳老田說：

他媳婦老家在焦作，就是懷慶府那邊的。懷慶府的山藥不能多吃。男人吃多了女人受不了，女人吃多了男人受不了。男女如果都吃了，那床就受不了。有人就問：那這麼好的東西為啥不多種？答：多種了土地受不了。

文學的力量很是狡猾，弄得大家吃山藥前都微微臉紅了。

2013.10

紫椹和黑碗

麥子黃前桑椹紫。這一句的顏色裡說的是時令。

桑樹是季節樹，它一向尊重自然，尊重北中原的草木美學順序。有一專業吃詞叫黑椹，形容得最准。桑椹是逐漸長熟的，由綠到紅，由紅變紫，由紫變黑，最後接受它的成熟色。它不是突然來臨的那種，突然得一見鍾情讓你始料不及。

村裡賣椹者從不會論斤論兩，大家使用的度量衡是一種小黑碗，叫墩墩碗，屬笨瓷，粗瓷。墩墩碗有兩種功能：除了春節蒸肉，再是作夏天賣椹的容器。

小巷雜亂的市聲裡，便聽到有這樣一種紫顏色的吆喝：「——一毛一碗。」不明就裡者以為是賣碗。

樹椹隨摘隨吃，滿嘴發紫，像心臟病患者症狀表現在唇上。帶有紫色唇語。桑椹放到次日吃口感就鈍了。隔夜椹遜色於隔夜茶。

近兩年，孫先生每年都自家釀製一種桑椹酒，放在十斤玻璃瓶中，釀成後邀請我們來飲。諸子百家們一大意，往往會喝高。症狀是桑椹草莓分不清楚。

桑樹是故鄉樹。古人造造椹餅度荒。今年夏天，我在鄭州河南省文學院高樓下唯一的一棵桑樹上採椹，一邊掉書袋。少年時讀書，「衛風」裡有「桑間濮上」，這是講「詩經地理」。衛風吹來恍如舊夢。我一手的紫色都是記憶。我有心情找一張白宣，攤平，在宣紙上攤置幾顆紫椹，壓上一本字典，紙上立馬浸滿顏色。

端詳著色形，我開始貫穿一幅畫，最後題款為《一紙紅椹皆梅花》。涼冬熱夏在此刻的空間相遇，落差顯得極大。

紙上顏色可疑，觀者都不知道出處。

迷濛裡，回到那一年夏天，一個少年蹲在一條小街口賣椹，他羞澀，臉紅，怕見熟人。前面一方黑色的墩墩碗。一毛錢一碗。不小心染紫了手指。他只想用於一筆籌備買書款項。

那個孩子是四十年前的我。

2014.5.19　客鄭

樹的淚

形容那種樹膠狀態，村裡有一個專用詞，叫「糗」。

小時候每到雨後，我喜歡向東地那一大片樹林裡跑去，那裡除了雨後長蘑，在老家那三棵自留杏樹上，會湧出來晶瑩的樹膠。黃色透明的顆粒狀。我採下來，主要用於粘課本。

晴天，那些樹膠會凝固下來，采下來樹膠，我突發奇想，就加墨，加鹽，開始熬制，希望那裡能製造出來一種新的顏料。

鄉村的樹膠很多種，果木樹流下來的樹膠最好看，是鄉村的琥珀，裡面有時還會沾上一隻螞蟻。

我們加以分類，桃樹上的叫桃樹膠，杏樹上的叫杏樹膠。後來到東北白山黑水間旅次，我看到松樹上的松膠，那些高大的紅松，落葉松，瀰漫出來一種松香之美，像森林的另一種語言。那一年，我還看到美人松。
我姥爺說過，樹有病了生蟲了才會長有樹膠。
我小時候想，那是樹哭過。
樹膠是樹的眼淚，凝固下來，不化，在看著世人。現在來看，童年這種想法也未免不對。
童年的誤讀包含一種希望，裡面留有巨大的空間。
還想起一件事。那年，常聽道口鎮一位親戚說，最好吃的是「樹膠燉羊肉」，以後看到樹膠，偶爾也想流一些口水。因差別太大，沒有試過，只留有念頭。
「樹膠燉羊肉」一直縈繞心頭。像個神秘之夢。
多年後我終於吃到了這道菜，明白過來，也帶有點失望，全是屬北中原口語的緣故，謎底竟是「蜀椒燉羊肉」一語誤傳。憧憬真是不要說破啊！

2013.12.12　客鄭

燒餅歌（麵食種類區分，燒餅有別於火燒）

「燒餅的做法如下。徹底洗淨手和面盆。將麵粉倒入盆中，漸次添水，揉和好，就捏成燒餅，放在陶土蓋下面烘烤。」

這段文字說的幾乎就是集市上周大拿在打燒餅，實際上不是，這是兩千多年前古羅馬人在做燒餅。中外兩家燒餅爐距離之漫長。但是，我們村的周大拿與古羅馬人幾乎暗合，燒餅技法順序大致一樣。

我抄上這一段自有出處，來源古羅馬加圖《農業志》七十四章。《農業志》是我案頭必備書，我喜歡此書並不是為了打燒餅。裡面還有其它手段，譬如打場，譬如收穀，譬如還有把熬過的油渣塗抹到皮帶上增色。

這書所以好看是有點像我姥爺記的一本流水帳。

在鄉村集市上，食品部大多排在東頭街裡。周大拿的燒餅爐臨著趙小四夫婦的

癸巳端午在
草堂撿拾
舊日牛圖張
本欲棄於物
今觀之略有
生動相
題字以存
方知此牛無
僵險之走
失也
癸巳端午於聽荷
草堂馮傑並記

那一口炸油饃鍋。賣麵食的都集中排列在一塊並不矛盾，這樣能「聚食」，趕會的食者各取所需，吃完一串油饃還會順道吃一個燒餅，決不會繞到王鐵匠攤位上吃一把鐮刀。

周大拿糊了一個傳統泥巴爐，用手貼上餅子，五分鐘後，靠鐵鏟子鏟下來。這時的燒餅最是可口，再停，口感就顯疲了。他每天打兩袋麵，百十斤。正宗的草爐燒餅是燒木炭，現在多燒煤炭。

他一直堅持燒木炭。

周大拿燒餅和牛屯火燒不同，兩者主要是「熥法」不同，制火燒用鐺，制燒餅用爐。周大拿燒餅紅中透黃，外焦裡嫩，要經和麵、發酵、盤麵、揉麵三道工序才能入爐。燒餅分甜鹹兩種，鹹的用香油、食鹽、花椒、茴香多種佐料，甜的切花盤沿，外塗一層糖稀，表面再沾上一層芝麻。

這樣的燒餅厚度接近我姥爺講的《水滸傳》裡面公孫勝那一面照妖鏡。

周大拿燒餅讓我明白一個規律，傳統小吃是變中求定，最好不要和選總統和主席那樣四年一屆，要保持歷屆不變、千年穩定的味道，這才叫傳承。

一雙素手，一定要堅持來燒屬自己的那一塊木炭。固執一點。

2014.10.26　客鄭

霜未降

對大地的菜蔬們來說，「霜未降」的意象相當於人生未得到歷練。內容發苦。只有經霜的菜才甘甜入味。譬如涼調白菜。

前天讀王羲之《奉橘帖》，「奉橘三百枚，霜未降，未可多得」，那紙上期待落一層霜，他是談時令裡橘子的溫度。中國文化史裡，橘子和書法第一次有了關係。我們北中原不產橘子，只產紅薯，但我知道，降霜後的蘿蔔白菜才好吃，叫打霜。火氣頓時都消了，像人到暮年。

晚秋來臨，姥爺會把白菜一一扶正，用紅薯秧藤捆住，為了白菜生長結實一點，還讓我在上面壓一片瓦。這就有意思了，像給白菜戴上，而小灰帽。第二天，瓦片上就落下一層細霜。

霜是一場味道的洗禮。

降霜後，我姥姥有多餘的事，會把拔掉的茄棵上那些經霜的小茄子摘下，開始做蒜茄子。把辣椒棵上經霜的小青椒摘下，用鹽水醃著。它們都沒有趕上輝煌時光。

我一直是一位謙虛的人，我至今未曾挽袖坦胸寫過《白菜帖》，來去對抗《奉橘帖》。

2016.2.18　客鄭

菘的自語

——另一種白菜詩體宣言

我即菘。可以使每戶平民在生活裡感到穩妥，溫馨。我素面朝天。我有古稱。還有其它大家皆知的小名。坐著鈴聲，在北中原趁夜色出發。在鍍霜的時節走到你家門口。開始敲門。你的簾子像北國迷濛的霧凇。雕花門環一下子把我遮開，如一輪明月，你沒有一棵白菜明白好懂。

你一生吃一次滿漢全席，吃三天燕窩，吃十天鮑魚，但終生可與我為食。
我擁有滿室素氣。人到達屬於自己的生活彼岸，那時你可以把我忘掉。
我和任何食品都可合作搭配，譬如涼調牛肉清燉豆腐，我作配角出現。
還不需要闖入來生薑辣椒芥末。從不主動競選總統。我可以炸素菜丸子。
你想把簡單作為更複雜研究的話，參考馮傑《說食畫》九種白菜的吃法。
我擁有低處的白。謙卑到榨汁成某種俗語，成爛菜，離一張豬嘴很近。
我沒有骨頭，一層一層，身體如重疊宣紙，只有雪的語言，瑣碎的細語。
黃昏我讓每一家講述不同故事，這些情節會落在灶台下面成為蟋蟀。
你剁菜幫，油鍋不熱時會剁開記憶，會想起我的平庸和平庸的一絲雅緻。
一棵白菜，是一本生活流水帳。有高度，厚度，寬度，印量龐大多於聖經。
偶爾才會出現一點星光，那是一點點未乾的露水，更多是淹沒的時間。
幸運之時能看到我小心翼翼裹起來的瓢蟲，蚜蟲。這些珠寶比霧霾親切。
清氣有時是一種氣質，近似清貧近似寒酸。一個詩人稱我一素無敵天下。
且慢，你們可以離開灶台離開大人小人，但離開一棵白菜會是終生錯誤。

一錯再錯，那是你想脫掉與生俱來的一層綠衣。那樣會只剩下大塊牛肉。
這些文字描述的無非是棵白菜。賦予我冠冕堂皇的宣言。且古色且今香。
五毛一斤，八毛一斤，兩塊一斤。終不會達不到國際石油牌價標準。
世上寂寞的高度是看一個人是否有閒心在廚房一層一層揭開白菜衣服。
無非一棵白菜。即使馮傑在菜葉子裡面插上一張地圖。水墨浸染。
大家儘管叫我菘，我無非是一棵白菜而已。無非是一棵菘的遊戲。

2015.12.8　霧霾客鄭

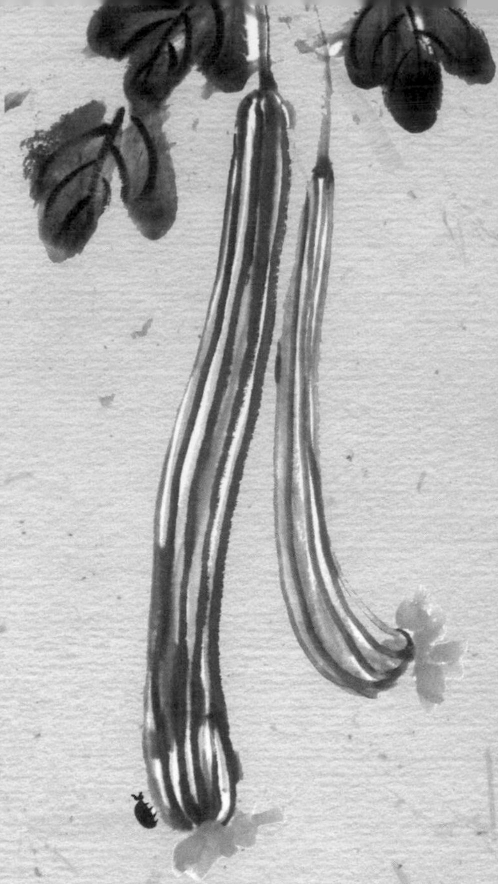

輯四

非炸

T

聽我姥爺說宋朝的麵

這些年裡，由宋朝的麵涉及出來的學問，主要來源於鄉間聽我姥爺說《水滸傳》。

有一天，支書兼隊長的老黑舅找來一篇社論，讓我姥爺念，是當時流行的語錄。老黑引用毛主席《湘江評論》上一句話，「世界上什麼問題最大？吃飯問題最大。」

黑體字經話語說出來，就不黑了，不帶顏色了。

我姥爺表示同意，也說吃麵最重要，主要是「頂饑」。譬如壯饃、壯餅就比大夥食堂裡的菜饃稀飯頂饑。外出幹活時帶著壯饃壯餅還有「壯膽」的功效。有糧帶著，看著不慌。這種心理狀態有《水滸傳》裡面一段文字為證。

我姥爺說，第52回裡有交代，戴宗攜帶李逵到薊州找公孫勝，自午時分，走得肚餓，進到一家素麵店，吩咐店主造四個「壯麵」來。戴宗說：我吃一個，你吃三個。李逵說：一發做六個來，我都包辦。

後來我推斷：李逵飯量大於戴宗飯量五倍，我還推斷壯麵是一種扯得很粗的撈麵。

當時李逵對過坐一老者，要的是一個熱麵，宋朝的熱麵不是撈麵，肯定帶湯，這裡有被李逵捶桌濺起麵湯「一臉熱汁」為證。

老者在宋朝就不滿了：「你是何道理，打翻我麵？」

河南話基本就是宋朝話，老者在宋朝為證。我們村裡至今還做壯饃，壯餅兩種。在村裡，這兩種食品已經是餅，不再是麵。尤其壯饃最有名，壯饃用死麵（不發酵的麵）裹上肉餡，拍成圓狀的麵餅，一指厚，在平底鍋裡油煎。煎熟後再用刀切塊上盤。

那時，我一直擔心的倒不是壯麵，而是壯麵之後的公孫勝三日之內是否出山？眼看宋江後背害瘡流膿就要死了。

大家都在等著我姥爺評書結果。

現在，我縣的廚師們不執油勺，一一走向百家講壇對外開始講治大國如煎小魚，我也開始敢給人說：這宋朝的壯麵來到北中原，經我村的廚師馬三強他爺馬天禮在開封無意改良，竟成了現在的河南燴麵。

2012.12.12　鄭州

土著的魚們

第一條・鯉魚

在北中原，每一座屋都如一尾鯉魚映現，瓦是鱗片，雨中時空交錯，鱗片裡沒有鑲嵌時間。《詩經》：「豈其食魚，必河之鯉」，裡面游動的魚是一條黃河鯉魚。它至今亦鮮，至今亦腥，至今亦赤。

另外的不同鯉魚有：

我家裡窗花上貼有剪紙，鯉魚在青磚牆上游，元宵節我挑的燈籠有鯉魚燈，鯉魚在燈光裡游。也有鯉魚在豫菜裡游的，村東「馬記麵館」主人馬三強，會做開封名吃「鯉魚焙麵」。這是我村的一道鎮館之菜。上面那層油炸過的龍鬚麵就叫焙麵，細若鬍鬚。傳說河南人最早給慈禧上過一道鯉魚焙麵，就是馬三強他爺做的，慈禧高興，剔牙之後，說你試穿走個臺步。賞了他爺一件「黃馬褂」。

胡蘭成的句子：「水仙已乘鯉魚去，一夜芙蕖紅淚多」，讀詩多的人明眼就會看出，胡是抄襲李商隱的《板橋曉別》：「水仙欲上鯉魚去，一夜芙蓉紅淚多。」兩鯉不同的是：胡的鯉魚實際，達到了時間，李的鯉魚幻想，還沒有達到時間。

公元二〇〇〇年之後，中國文壇有青皮後生開始抄襲老胡的鯉魚，當做自己的好句子在世界上懸掛晾曬。

可見，鯉魚不止單單只是烹炸。

第二條·泥鰍

小時候，我曾放進一條泥鰍，成全了一座荷塘。就像老天爺在村裡開一朵荷花，成全一個北中原的夏天。

馬三強還有一道拿手的名菜，叫泥鰍鑽豆腐。做法絕妙，接近行為藝術。豆腐必須用村西豆腐坊楊老八的水磨豆腐。況且豆腐還不能起皮。

馬三強說，起皮的豆腐接近太爛，不硬。

第三條．鯰魚的鬚

鯰魚有四條長鬚。

齊白石畫得最準確不過。無論是半斤或四兩鯰魚，齊白石畫起來斤斤計較。不少一須。這是要算錢的。齊白石曾給我縣廚子馬天禮畫過一條鯰魚。

鯰魚是一根獨刺，因為刺不凌亂是村裡的食客們喜歡它的道理之一。清燉最好。最後喝湯。

世界上也有叛逆的鯰魚，偏不長四尾鬚，和水叫板，和一條江叫板，和自以為是的美食家叫板。。

到貴州旅次，必須要吃烏江魚，也就是鯰魚。店主對我說：「凡不是兩條鬚的，都不是正宗的烏江魚。」

我村裡的鯰魚從來不到這裡。

第四條・硌牙

「鯉魚肉，鯽魚湯，論吃還是硌牙香。」

這是灶台諺語之一，概括魚肉性能。後來知道這「硌牙」是俗稱，學名叫黃顙魚。它身上有三棵槍，上，中，下。踩上去大於古典戰場上的鐵蒺藜。

南陽的一位美食家說：豫南叫「黃絲公」。

我下塘捉魚，不小心被硌牙扎腳或扎手，那刺長度之深，刻骨銘心，竟會像一次受傷的愛情。多年後想起，內部還疼。

第五條・白條

在村魚系列裡，這種魚急性子，離開水十來分鐘就死。屬「烈魚」。油炸小白條吃起是最上口的，它和鯰魚不同，鯰魚獨刺，白條魚亂刺，經熱油一炸，再亂的刺也會統一在鍋裡，一時鋒芒皆收，很有世界大同的意味。明清人畫的那些《隱士圖》上面，魚簍邊上用柳條穿的就是這種魚。一筆就可刷下來，墨色分明。

《水滸傳》有一條浪裡白條叫張順。張順無腮，張順不是魚。他是一條官逼民反的魚。屬皇帝要炸要吃的魚。

第六條・黑魚

黑魚叫虎頭魚。一根刺。池塘裡最怕有它出現，那一塘魚苗就會遭殃。「三光」政策。

五十年代一位會玩的文化妙人叫於非闇，他畫工筆，寫瘦金體。丹青之餘寫寫文章，寫釣魚記，他這樣來寫黑魚：「子稍長，則攜子遊行萍藻間，若保姆之率領兒童然。」

躍然於畫，非妙手不為。

這像是寫一位大爺。有點接近村支書老黑。

第七條・水墨魚

游在八大荷葉上面的兩尾。

它白眼向天，它黑白分明。

最後終結在另一方結冰的殘破的硯中。

小魚游在紙上，大明朝枯死在紙上。

2009.3 初稿、2012.12 繼續、2013.5 再續

剃頭軼事

——鄉村異人傳之一

（兼寫冬瓜葫蘆菜蔬之外的用處）

前面交代過，鄰村叫河門頭，村裡一共有兩個剃頭匠，大者俗稱趙一刀，兒子遜色一籌，大家就喊他趙小刀，也叫趙半刀。

一年四季裡，父子倆在幾個村莊輪流剃頭，每月來留香寨一次，為村裡人民統一剃頭。「趙家軍」出行的裝備簡單，就是一個挑子：前面挑一方白皮鐵桶，裝滿熱水；後面挑一方高腿木凳。

每次見到他爺倆來到村口，我姥爺笑，說：「老趙，你這真是剃頭挑子——一頭

熱。」

終於有一天，老趙揮不動剃刀子，我看到換成了趙半刀來。還是挑一副挑子。趙半刀熱水桶裡放一把舀水瓢，那把瓢搖搖晃晃，那年正在批宋江「投降派」，我看過一卷翻得毛邊的《水滸傳》，感覺他有點像裡面那個白日鼠白勝的賣酒狀。

趙一刀的那把剃刀從頭到尾全部運用。趙半刀剃頭只用前半部來剃刀，後半部不用，其實是用不上。有人問，他口出誑話，說，我到殺人時再用全刀。我一直沒有見過他殺人，有一次，倒見他把自己手指割破。

我姥爺一年要交給趙一刀三升新麥子，用來剃頭一年。數量雖少，可一人三升，全村人數一多就大為可觀。

剃頭匠每月來一次。一年四季，記得夏天時光裡剃頭最好，這時有風，在麥場的杏樹邊上，燒鍋，剃頭。杏樹林的一隻布穀鳥在一邊叫。

許多年裡，我姥爺只讓趙一刀剃頭，認他一人的手藝。我讓他剃過一次，剃得我呲牙咧嘴。我姥爺說他這是「瓦渣剃頭」，我以後再不敢坐上他那一方高腿剃頭凳子。

在鄉村，剃頭挑子裡的那桶水永遠渾如泥漿。

剃頭匠是鄉村一種文化含量不高的工種，好歹也是一門糊口手藝。這「二趙」裡面，兒子趙半刀的理想是當空軍，開飛機。老趙覺得他兒子終不是剃頭的料，要另收徒弟了。

新徒弟是前街楊家門裡三、四個弟子，剛開始不敢讓新弟子在客人頭上實驗，怕壞了自己積累五十年的名聲，他別開生面，讓諸弟子先在一顆青葫蘆或大冬瓜上小心刮毛，半年後，開始操刀。

詩人寫詩，這叫通感。二十年後我開始寫詩，學普希金，學謝爾蓋・亞歷山德羅維奇・葉賽寧。「月亮，像一個金色的草帽。」

2010.9.15

鐵器一般硬・花生餅

劉氏油坊裡主要軋油，做花生餅，我姥爺說，那些軋油者赤身裸體，吃住關在油坊，宿在裡面可以三天不出門，尿尿憋急了，一硬，都灑在花生餅裡。

北中原鄉村的花生餅和現在城市的花生餅是兩個概念。

油坊劉做的花生餅鍋蓋一般大小，外形像只海龜，顯得笨拙，厚實，一個有十來斤重。

一天，一個鄉下親戚用一塊藍布包著，背在肩上，給我家送來一個花生餅。客人走後，我打開猛一看，還以為是一個小獨輪車的車輪子。

花生餅在我家是這一種吃法。

姥姥先用菜刀切成一塊塊，均勻地排在爐子邊烤，花生餅一加熱，瀰漫香氣，有時還滋滋作響。直到小餅塊兩面都考得焦黃焦黃。

我每次上學都會帶上兩塊，用於午間補饑。上課時捨不得吃，含在嘴裡。

在不需要上學的雪天，姥姥開始給我們烤花生餅，我總結一個規律，只要天一下雪，一家人就可以在屋裡「紙上談餅」。

我二大爺咬一口烤焦的花生餅，對我二大娘開玩笑說：花生餅結實，打架時可以當鐵器使用。

有一件事情，不能不記，那是一塊一九五八年的花生餅：

饑饉年代，我們村裡田野的草籽、榆樹、村莊裡的麩糠、花生皮都吃完了，到後來，觀音土、骨頭、羽毛、磚頭、瓦片、橡樑、橡膠、熟銅、生鐵、石滾、舊房、甚至一個個村子，也被一張張饑餓的大嘴啰哧啰哧嚼完了。

這一天，東頭一家大人弄來一輪陳年的花生餅，家裡的孩子覺得軟和，就開始大嚼，吃了半塊花生餅時，已是後半夜，後來喊渴，他娘沒有經驗，就端給他一瓢水喝。還渴，複瓢。花生餅遇水發脹，看到薄薄肚皮裡面的花生餅，在滾動。

聽到「噗」的一聲，肚子夜間撐破了。

我二大爺講的是一種「樸素辯證法」。

他有經驗，他說：吃過花生餅後不能馬上喝水，得停停。一九五八年大夥食堂那年，全河南沒有餓死的人，全都是撐死的。他們的肚皮上面露著青筋，像爬滿一條條大蚯蚓。

刮一陣風，我回過頭，看到那一個長著一臉絡腮鬍子像鞋刷子頭髮像一叢風中荒草的人在聽著，他不言語，他只是冷笑。

2012.11.12　客鄭

湯的重複

和幾個鄉間大廚在白水話桑麻，這種狀態河南話叫「噴訌兒」叫「噴空兒」。由釣魚島涉及到砒霜到豆腐腦。

大家話題還說起來胡辣湯的好處，延伸到河南人有一說法，說河南人理想的模式是：國宴喝胡辣湯，國酒用杜康，國劇唱河南梆，定都在新鄉，領導都說謊。一時，大家都幽默死了。這肯定是一個北中原某縣的群體小官僚集體創作。

我本家一四大爺笑後，開始說起一段舊事。

他竟先問我，知道泰戈爾嗎？我答，這還用問。我白他一眼。我倒是奇怪他咋知道泰戈爾？

按說一個廚子做好菜就可以了不該知道泰戈爾。他說當年泰戈爾一九二四年來中國，到過山西一趟，原來那一年我本家四大爺轉隊在閻錫山部做飯，當火頭軍。

他又問我，那你知道當年泰戈爾吃的啥？

這我就不知道了，寫詩人傳的作家也未必知道。我這四大爺這人吊詭。專業喜歡打埋伏。

他說，吃的是「五盔四盤」。

這就吊胃口了，我覺得話題開始有了聽頭。

四大爺說，其實簡單，也沒啥，五盔就是五個熱碗。丸子，豆腐，豬肉粉條，清炒豆芽，燒山藥。四盤就是四個涼盤：熟牛肉，蒸藕根，芥根絲，腐幹。這頓飯主食還外加玉米湯，饃，糕，米飯，酒嗎，不用問自然是喝杏花村。

四大爺進一步說，當年閻錫山喝了點老酒，喝得感覺好，那酒不像現在的假酒，那酒不上頭，就對泰戈爾談理想，說山西人的理想是：首都遷武鄉，太原成中央，國酒汾陽王，國宴玉米湯，國語五台腔，國歌山西梆。

我忽然想到：這情景不是一個花甲裡面的歷史重複嗎？我決定查一下閻錫山是否見過泰戈爾。

天下幽默一共分兩種：有熱幽默和冷幽默。冷幽默就是暗幽默，低處的幽默，話語上面抹一層草木灰，像吸一口煙後忍不住咳嗽，煙散了再咳嗽。再再咳嗽。直到肺炎。

另一種熱幽默呢？不是豫菜。像是晉菜，鄉土的張揚，像那「五盔四盤」。

2013.10.22　客鄭

剔牙傳奇

牙縫裡有殘食塞牙，我們有個專詞叫「搡牙」。食物粗糙，搡牙頂多是一種不舒服狀態，危機不到國家安全。但也必須加以疏導。

世界上每人一生都剔過牙，除非你是一匹駱駝。村裡沒有專用牙籤之說，剔牙時大都隨地取材，材多為草莖，為竹篾，為席篾，為指甲尖。牙縫寬闊的可以以木片為材。不可超過一尺。

有時鄉宴餐畢，剔牙者也會一時找不到牙籤心亂，急中生智，隨手從牆角豎放的一把掃帚上，掐下一截竹篾，用來剔牙。全然不顧這把掃帚是否有幸掃到過雞屎牛糞。

在村裡，剔牙是一種優越象徵。你可以作以下推理偵探：能剔牙說明你牙不好的同時還是證明你是剛剛吃過肉。喝稀飯和喝涼水一般不用剔牙。最佳的剔牙後果是把剔出肉絲重新再咽下去。相當於回鍋肉。我二大爺常因此一小節被人當做話柄。

有人知道我牙口不好，送我一個紅木製作牙籤盒子，牙籤盒子外形像竹節。擰開，裡面可放十枚牙籤，像趙子龍胯下的雕花箭壺。大家說我真是雅緻。我就偽稱是從皇宮流落民間的。

我雅緻之後，使用過的牙籤捨不得扔掉，重新放回紅木竹節裡，以備下次再用。

一次宴後，一位詩人急急語我：「快，給哥來一支五釐米的牙籤。」鄉酒濃厚。雙方都喝高了。看那一口稀疏牙縫，我不知道他說的是直徑還是長度。猶豫之後，還是從紅木盒子裡抽出來一枚我曾用過的上好的牙籤。

牙籤還包含有一種妙不可言。

當年，村裡馬三強的麵館隔壁就是一家牙醫店，剛開張時，生意不佳。牙醫主人叫王富坤，他聲稱：以後我終生免費送麵館牙籤，供顧客剔牙使用。

這裡面是否暗藏玄機？我知道克莉絲蒂，揣摩一下，咋就像一部偵探小說的開始？

2013.5.5

W

碗要扣起來才對

「扣碗」不是動詞，是名詞。「扣碗」可謂是貧樸日子裡的一種小奢侈。小酥肉、大酥肉、紅燒肉都叫扣碗。我姥爺說誰家富裕有法，就是天天吃扣碗。他說高平鎮的文書家裡富裕有法，被人恭稱為「張扣碗」。

過去我三姥娘有個誤解，她老人家一直以為毛主席他老人家在天安門城樓上天天吃扁食和扣碗。她老人家說，要不他老人家咋一臉福相，大富大貴，吃得油光滿面。

平時，在我家喝酒的酒盅、盤子屬細瓷，蒸扣碗則用粗瓷，半黑半白。和扣碗配套的必須是醃芥菜，又叫雪裡蕻，夾一筷子墊碗底，最後在上面撒一捏花椒，幾瓣茴香。作用是為了吃肉時利口，不膩。

我母親蒸的紅燒肉好吃，是有一個重要秘訣，她提前用蜂蜜裹燒，肉皮會發紅好看。蒸時先把紅燒肉切成半指寬的小塊，擺碗，上鍋。

節日裡，我和姥姥到東莊走親戚，話說完了，坐定後，東莊的那些熱情的姥娘們就會上來倆扣碗，一葷一素，一筐暄騰騰的白饅頭，這是最後的一道「硬菜」。我筷子會不停，吃得鼻子發暈，吃扣碗時往往會有一些「肉醉」，肉醉是一種幸福感。一碗扣碗立馬就吃完了，黑瓷小碗見底，連雪裡蕻也要吃完，用饃再抹抹。

我姥姥說，這蒸肉要先扣起來，翻到盤子裡吃才對，要不咋叫扣碗？

到了此時，我才知道吃的方法不對，但是晚了，再重新複習一遍也來不及了，親戚們不會上來第二碗。

走親戚起碼要懂得鄉村禮貌，保持一種鄉村風度。路上，一邊走我姥姥一邊說我吃相不太好，下次一定要調整一下。

2012.12.5　魯山下湯

倭瓜小傳・菜中的侏儒（鈍的傳記）

面對菜名，觀菜且忌不能望文生義。譬如「倭瓜」二字就不能看成是日本人的東瀛瓜。

在村裡，我姥爺說某人不長個子，「看你像個倭瓜」。它成植物的標準參照物。北中原一九五八年「大夥食堂」年代驟然來臨，在歷史裡，許多人個子永遠都像倭瓜了，釘在歷史的明柱子上，永遠的矮，青銅一般的矮。時代決定倭瓜，並不是後面的瓜秧。

優秀之菜蔬需要嚴格的本土主義。

我姥爺種的好倭瓜有三個特徵：一是面，二是老，三是肉厚籽少。面對一個倭瓜，用手指甲掐不動或掐不出印痕為好標準，我姥爺說，那才是上品。

他是鄉村文人，讀過司空圖，他是拿出評詩的高標準來論菜蔬的。姥爺說，菜品近似詩品。

秋天來臨，一切都經了霜，我家門後面壘了一人多高的倭瓜。儲存過冬。它們一個踩著一個，穩妥向上，像放大一百倍的糖葫蘆，保持著自己的形式主義。那是鄉間「鈍瓜」。鈍是一種內斂，質樸，笨。像我一樣。沒人如此美譽菜蔬的。有了這一機會讓我美譽一下，這樣，多年前的那一筆欠帳就還上了。

2014.10.23

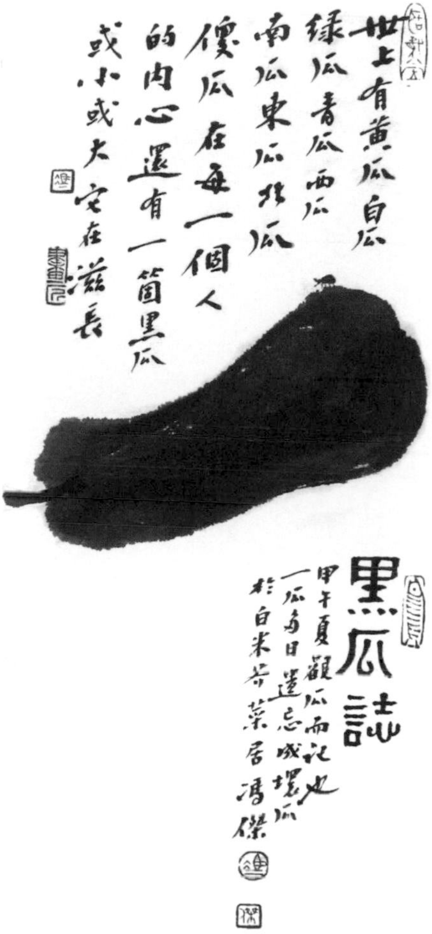
世上有黃瓜白瓜
綠瓜青瓜西瓜
南瓜東瓜北瓜
傻瓜在每一個人
的內心還有一個黑瓜
或小或大 安在滋長
黑瓜誌
甲午夏觀瓜而記也
於白米苦菜居 馮傑

X

西瓜翠衣是什麼衣

（西瓜結構剖析之一）

牙痛牙痛／痛上之痛／西瓜皮燒灰／敷患處牙縫。

——馮傑詩句〈齲齒〉

翠。這名字聽起來好，語音乾脆，像叫一位村裡的姑娘。實際是說西瓜皮。有點像當下那些某種經不起推敲的標題理論。

在孟崗小鎮的夏天，西瓜上市時節，我家裡也不常買西瓜。其實是家中錢緊，我媽為了省錢。我媽說夏天喝開水營養最好了。我媽說賣西瓜吃不如買菜瓜做飯炒菜實在。

日到午時，到營業所辦公的人為了加速感情，會買個西瓜請客，大家圍著來群吃。我二大爺教我吃西瓜的方法，他說吃者多的時候，開始時先由小塊吃起，待吃了一輪之後，最後，拿一個大塊，也叫後發制人。

西瓜鄉宴上，人多時也有輪不上我吃的時候，我就等別人把西瓜瓤啃完，把西瓜皮扔後，專門拾西瓜皮，我臉皮薄，看到四周沒人時，再帶到廚屋。

在鎮上，啃西瓜皮還有一個專用語，叫「遛」西瓜皮，或叫「遛」二遍。

我姐一向都嫌棄這種低級行為，說別人的嘴巴啃過的不乾淨，她從來不吃。她不像我，對待吃食開始沒成色。

吃是我的一種「胃的宗教」。我沒有狹隘的食物立場，通吃，我還會啃西瓜皮。

我姥姥不慌不忙，把西瓜皮放上案板，用菜刀將上面那層紅瓤片下，放到碗裡，留給我吃，剩下的西瓜皮切絲，拌鹽，涼調，或炒菜。一桌清香。

與西瓜皮有關聯的姥姥、母親都不在世了，我有次還會做過一個涉及到西瓜的夢：西瓜皮上面縱橫著綠色的虎皮斑紋，上面山水起伏，蜿蜒迴轉，那樣迷茫，迷離，它們一道道恍惚延伸到北中原土地的深處。

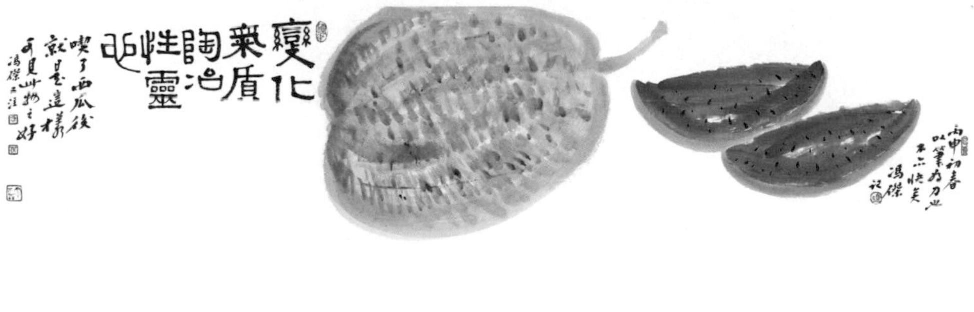

西瓜翠衣就是西瓜皮雅稱，它還有許多功能，我記下兩則。

例一：一年夏天，我家的那匹小牛患了口瘡，我姥姥把西瓜皮炒焦研末，讓我搬住牛嘴，撒在發炎處，兩天後，好了。

例二，年輕時，我進京參加過一個自以為是的會議，回來後捨不得去掉，好多天還把那一枚小紅牌子掛在胸上。挺胸走路。

我二大爺看後，皺了一下眉：「你名人？你當年不是還啃過西瓜皮嗎？」

我臉一紅，以後就不好意思再翹尾巴了。

2012.11.15　客鄭

西瓜的衣服

（西瓜結構剖析之二）

西瓜從瓤到皮兼籽都可畫可記。足可細細雕花。

沒有西瓜領子，西瓜襪子，西瓜鞋子之奇喻。只有「西瓜的衣服」。

一般人吃完西瓜要把瓜皮扔掉。我看到的淑女們吃西瓜時，小嘴吮幾口，多要留厚厚的瓜皮，以示風度優雅。讓我看到惜物不已。如果在村裡，大庭廣眾之下，西瓜皮啃得過薄有人稱之為「下三兒」，詞意是貪婪，吃起來沒成色。

我是啃西瓜皮出身，且一直啃得透亮，本色不改。

西瓜皮做菜都是使用自家吃過的瓜皮為原料，切片，撒鹽，涼調和清炒均可。配紅椒有視覺之美，吃起來別有一種味道。後來，我還把一隻雞裝在掏空的西瓜裡，用竹籤封口，開始清蒸，蒸出來的西瓜雞出來時，全身一抖擻，一雞清氣。

西瓜皮紋路好看，斑斕，臥在沙地，像綠色的老虎。

早年村裡有一位堂姐，饑荒年代為生計遠嫁到新疆兵團，有一年回家，吃瓜時給我講在新疆的一個故事，其它情節我都忘記了，吐了一盤子黑瓜籽，單單記住一個瓜皮細節。說一個人行走在新疆的路上，吃完一塊西瓜有一個習慣，瓜皮多不隨便扔下，講究，要瓤處朝下，外皮朝上放在路邊，目的是預備下一個瀚海苦旅者應急。

西瓜美德之一。

可惜我忘了問這是西瓜哪一年的美德？

童年時北中原的西瓜好處我不再多說。

西瓜捨不得買整顆，街頭瓜販桌子上放一把刀，可以論塊來賣。我買的是一毛錢一塊。四十年後我在鄭州這個城市為客，記住開始時說的那一個西瓜細節。

在一個宴會上，祝酒詞還沒有結束，我看到幾塊殺開的西瓜，放在白盤子裡，一盤鮮紅。桌邊一位女士帶孩子，那孩子剛好比桌子高一點，瞪著一雙黑葡萄眼。

致酒詞在繼續，忽聽那小孩子說：盤子裡那些西瓜都沒有穿衣服。

2014.8.6　客鄭　白米芥菜居

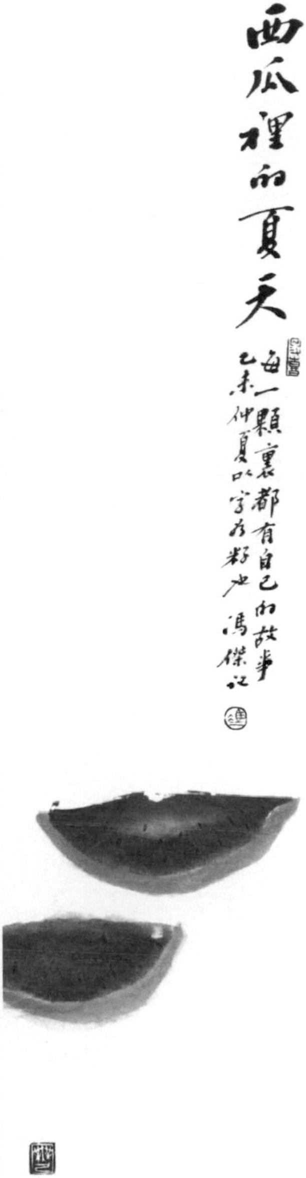
西瓜裡的夏天
每一顆裏都有自己的故事
乙未仲夏以字存籽也　馮傑記

餡說

（麵皮下的終極哲理）

饅頭在古代是有餡的，不像現在的實心。餅在古代是無餡的，不像現在的有心。譬如武大郎的炊餅，實際就是饅頭。

在南方旅次，我要吃饅頭，上來的饅頭都是小心翼翼切成四瓣，裡面竟有餡，我看得很是驚奇。周圍的南方人一臉平靜。長得饅頭般清秀。

關於饅頭和餡，這裡包有一些哲理。

在北中原，浚縣和我們滑縣相鄰，浚縣有座大伾山。廟會盛隆。我村的會首每年要輪流來當。會首要趕著馬車，帶領全村信徒去朝山進香，回來的香客每人都帶回一捧泥玩，叫泥泥狗。

出泥泥狗的浚縣在唐代出了一個詩人王梵志，我喜歡他的詩風。梵志先生可稱中國第一位口語詩人，比馮傑先生寫口語詩早，且寫得也好。

舉例，詩人梵志有一〈城外土饅頭〉的詩：「城外土饅頭，餡草在城裡。一人吃一個，莫嫌沒滋味。」他在口語裡竟是那樣的不動聲色。

後來范成大有詩：「縱有千年鐵門限，終須一個土饅頭。」他沒有說裡面的餡，直接就進入土饅頭了，說得更是絕對徹底。范先生不是口語詩人，他就不如王先生的詩白。

村裡的會首返回時候，從浚縣到滑縣，一路之上會有意外情節出現，路邊村裡的孩子忽然殺出，橫槍劫道：

「大會首，二會首，快點給我一捧泥泥狗。」

坐馬車的會首遇到強盜啦，就會心一笑，揚手要拋撒幾個。好漢們隨手放過。泥泥狗屁股後有眼，都能吹響。

難免也會有吝嗇不拋撒泥泥狗的會首，不理睬。路邊的孩子不高興，戲文就以這樣的版本來道白，大家喊道：

「不給俺個泥泥狗，死了你個大會首。」

會首立馬中槍。

這些詩句彷彿也是北中原口語。像餡一樣，都是包在麵皮裡面。

2012.12

虛的一種·絲瓜瓤

在我家裡，種絲瓜首先是為了吃菜，灶頭上面常做的是絲瓜炒辣椒。紅加綠。或綠加綠。有點像食色。就是一種吃顏色。

其次，我把絲瓜花掐來喂蟈蟈（我們村裡稱蚰）。

最後才是當炊具。遺忘的老絲瓜條，高掛樹上，像前朝致仕後閒置不用的老臣，身子碰著樹幹，在風中空虛地響著。

冬天來臨，母親會讓我用竹杆子夠下來幾個，剝了皮後，再拍打出來裡面的黑籽，只使用絲瓜瓤，用來刷碗刷鍋。有時用剪刀鉸成鞋墊子，裡面透風。

基於最後的絲瓜可以當炊具使用，故，在村裡每家窗櫺上，都會掛有幾顆老幹絲瓜，不刷鍋時候，它們就一一在無聊地搖晃。那是退休的絲瓜。

故園情絲也
壬辰年 馮傑

絲瓜還有一個妙處，我一般是秘而不宣，主要是怕自己掉價。用乾絲瓜瓤可畫畫。捆紮好後，蘸顏料，來製作石頭之上的點點青苔。

我賣畫時，展畫讓人先看，有人開始以為這青苔長得真是鬼斧神工啊！我好不得意，此刻不語。知道說破了就是雕蟲小技，畫價下跌。對待藝術，我一直堅信著「道大於技」。中國美術家協會裡面使用絲瓜瓤作畫的畫家一定很多，有數百多位。他們都不說，他們都不是好畫家。

絲瓜瓤刷鍋最實用，也最科學。它乾淨，環保，懷有鄉土感，手感也好。如果讓當前的黨員來總結聯繫，不靠譜的黨員會扯到是「科學發展觀」的實踐理論之一。真用絲瓜元素作畫，其實近似野狐禪裡面的一種妖法。

2012.12.1

戲臺上的北中原佳餚

（對豫劇裡不規範的16道菜的紀錄）

我家一個堂兄在滑縣大平調豫劇團拉二胡，拉了一輩子，琴聲忽忽悠悠，藝名叫「水上漂」。

「改革大潮」來臨，劇團效益不景氣，後來解散，藝人們作鳥獸散，他帶著一把二胡孤身回來，身子瘦得像二胡上的一絲弦聲，秋風一吹，似乎就斷。

他二胡拉得好，行雲流水，如泣如訴。拉時閉眼，頭且悠然。把一個世界都忘掉了。

和他喝酒，喝到興致，他忽然說，我給你唱幾段梆子新腔吧。梆子還有舊腔新腔？有，你且聽。他把一大盅滑縣的「狀元紅」燒酒飲下，抹了一下嘴，開始給我唱河南梆子。

頭一個河南梆子是《關公辭曹》：

下朝圖
誰有落地鳳
鳳不如雞 今方
知者臣下朝
不如雞 乙丑年
初春於燕荷草堂
畫記之 馮傑

曹操（唱）：

在曹營我待你哪樣不好？
頓頓飯四個碟兩個火燒。
綠豆麵拌疙瘩你嫌不好，
廚房裡忙壞了你曹大嫂！

唱完，我堂兄說，火燒要數滑縣牛屯的最好，加入的脂油大，咬一口流油。那一年去牛屯演出，下場後連住吃了六個火燒。還不過癮。

我說，接著唱，接著唱，先別說火燒。

唱的第二個河南梆子也是《關公辭曹》，唱詞略有不同。

曹操（唱）：

尊一聲關賢弟請你聽了：
在許昌俺待你哪點兒不好？
頓頓飯有牛肉火燒，
雞蛋撈麵你嫌俗套，
灶火裡忙壞了你曹大嫂，

攤煎餅調秦椒香油來拌，
還給你包了些羊肉菜包，
芝麻葉雜麵條頓頓都有，
又蒸了一鍋榆錢菜把蒜汁來澆……

我堂兄說，這是在南陽演出唱的版本，南陽人愛吃芝麻葉麵條，豫北就不吃。芝麻葉澀，加工起來麻煩，你要會「漚」。

我堂兄看我投入，緊接著又唱了第三個版本。

曹操（唱）：

曹孟德在馬上一聲大叫，
關二弟聽我說你且慢逃。
在許都我待你哪點兒不好，
頓頓飯包餃子又炸油條。
你曹大嫂親自下廚燒鍋燎灶，
大冷天只忙得她熱汗不消。

白麵饃夾肉片你吃膩了，
又給你蒸一鍋馬齒莧菜包。
搬來蒜臼還把那蒜汁搗，
蘿蔔絲拌香油調了一大瓢。
我對你一片心蒼天可表，
有半點孬主意我算是屌毛！

弦聲一斷，一口酒我就喝嗆了。

我覺得這三段唱詞都句句入口，聲聲入耳，與中原佳餚有關，粗略一算，出現十六道菜，記錄下來存目備考。

2011.8　滑縣

蕭紅吃過豫菜之初考

——鄉村讀食譜手箚之學術存目

本篇我考證中國現代作家和豫菜的關係。

魯迅一九三四年十二月十九日《日記》記載，這天設宴，請蕭紅，蕭軍，茅盾，聶紺弩，葉紫，胡風來上海豫菜館。豫菜館生意火爆，需提前訂菜，魯迅頭天也就是十二月十八日〈日記〉記「往梁園訂菜」。

吃了。散了。天下沒有不散的筵席。

那天沒有留下魯迅點的菜譜。

魯迅信中的話會讓蕭紅銘記終生。「本月十九日下午六時，我們請你們倆到梁園豫菜館吃飯，另外還有幾個朋友，都可以隨便談天的。梁園地址是廣西路三三二號。廣西路是二馬路與三馬路之間的一條横街，若從二馬路彎進去，比較的近。」

我懂幾何。三角形任意兩邊之和大於第三邊。在鄉村逃學使用。

魯迅說的是要抄小路。

我縣的廚師後來考證，梁園豫菜館主打豫菜，說是那天上的菜是「糖醋軟溜鯉魚」、「鐵鍋烤蛋」、「酸辣肚絲湯」、「炸核桃腰」四種。命名為「魯公筵」。

這種說法除了情感因素之外，學術上靠不住，接近野狐禪。

魯迅點菜的單子消逝成灰。沒有菜，愛情終也消失成灰。

但蕭紅一定吃過豫菜。即使這次不吃，後來她去山西臨汾路過河南陝縣興隆鎮，火車壞了，在豫西呆滯留數天，這有胡風日記為證，蕭紅這幾天一定吃過豫菜。出於情感，我覺得應該讓她吃一道中原的黃河鯉魚。

下面列出我家做糖醋軟溜鯉魚的食方。

原料：鯉魚、白糖、醬油、蒜茸。

1.鯉魚去鱗、內臟、兩腮，魚身兩側直切後斜切成翻刀，提起魚尾使刀口張開，料酒、精鹽撒入刀口，稍醃；

2.清湯、醬油、料酒、醋、白糖、精鹽、濕澱粉兌成芡汁；

3.在刀口處撒上濕澱粉，放在七成熱的油中炸至外皮變硬，移微火浸炸，至金黃色，撈出擺盤，用手將魚捏松；

4.將蔥、薑、蒜放入鍋中炸出香味後倒入兌好的芡汁，起泡時用炸魚的沸油沖入汁內，加以略炒迅速燒到魚上，即可上桌。

這是距蕭紅八〇年之後，有一條黃河鯉魚在我家的做法。

2014.4　長垣

Y

夜食（紀念我第一次吃乾米飯）

我爸經常對我說：「馬不吃夜草不肥。」是一種對時事的象徵說法。我記成了「馬不吃夜草驢不肥」了。

有一年回老家，來到我姥爺餵料的馬廄，除了大家在馬廄講鄉村妖怪，裡面果然是盛著一屋子牙齒咯嘣咯嘣的聲音。響了滿滿一夜，馬眼閃著亮光，像淚水。馬都在談論著夜食。

終於有一年春夜，我也第一次吃到了夜食。是我記憶裡最白的一次夜食。

那些年代，中蘇兩國關係緊張，我爸說，赫魯曉夫要向中國催糧了，恐怕國家要打仗。我家門口小胡同裡都開始挖一條條防空洞。以備到時大家躲在裡面。

外面鄉村道路上，一列列部隊也經常走過，部隊是野外拉練。

我家住的孟崗小鎮，東面臨一道黃河大堤，那些日子裡，不論白天黑夜，上面會經常穿過兵車，炮隊，馬隊，最後是步兵。有的士兵頭上還戴著柳枝編的草帽。部隊走完了，遺留下的馬糞散著熱氣，開始時嫋嫋上升，讓人一時想烤手。。

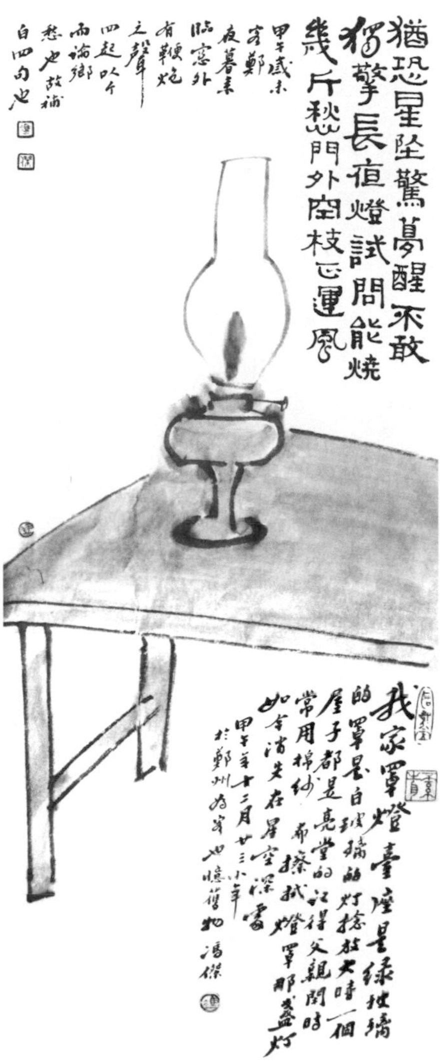

這一天，又是部隊拉練，我家已吃過晚飯，我就要睡覺。門敲響，來到我家三個解放軍，他們走起路來腿是一瘸一瘸，是拉練時趕路走的。三個兵背後挎著臉盆、毛巾、茶缸，叮呤咣啷地響，竟還有一棵步槍。我還大膽伸手摸了一下。他們是異鄉的口音，要借我家的的鍋來做飯，

我母親急忙把鍋又刷一遍，又抱來一捆柴火。

軍民團結如一人。大街上經常貼這樣標語。我附在門框外，看灶火映紅那些解放軍的面龐，都是小兵嘛，也就十七、八歲的兵蛋子。

他們大概不會燒鍋理灶，一時弄得廚屋烏煙瘴氣，大家都一齊忍不住咳嗽。飯總算做好了。蒸的是冒尖的一鍋大米，他們的電燈光一照，光柱散到米裡，白花花的。在我家裡，我媽從來不會如此奢侈使用大米，頂多燒稀飯時往鍋裡抓一把，象徵性地，那些米湯稀得能映人影。我姥姥說，稀得像鵝尿。

眼前鍋裡竟然全是乾米飯，貨真價實，如果做稀飯，足夠我家至少能使用倆月。大米上面還放著一片片鹹白蘿蔔片。白上加白。像一堆白玉。米香飄滿廚屋，垂落門框。我咽下一口唾沫。

他們就要開飯了。

我在小門框外又咽下一口唾沫。

忽然，這時候，街道外面響起嘹亮的集合號聲。

便見那三個小兵蛋子，飯也顧不上吃了，放下筷子，急急往外面跑去。攜帶著零亂的響聲。

我那時真不敢相信，眼前，他們真的會給我家丟下來一大鍋白花花的大米？

2012.11.14　客鄭

院裡飄滿海帶

父親對我傳授過常識：海帶含碘，常吃你就不會得一種大頭病。我看到過學校宣傳畫上的大頭病，上面的孩子像頂著一座岌岌可危的山峰。

春節前幾天，父親會從集上供銷社裡買回一捆掉鹽沙的幹海帶，洗去殘葉、沙子，石子，先在鍋裡燒水煮一遍，便於下次吃海帶時直接可切絲入碗。

父親耐心洗海帶，我蹲在一邊打下手活。打水，或掛海帶。一條寬厚的海帶，它們像北中原田野裡寬碩的玉米葉子，勾起我最早對大海的嚮往。在北中原我一直沒有見過一片真海，以為大海深處有一種海帶樹，海帶是這種樹上萌發的葉子。

院子扯一條曬被子的鐵絲，父親擦去淡鏽，開始掛滿一條條海帶，曬晾的海帶上透著鹽跡。夜間海帶讓寒風一吹，一條條凍得硬梆梆的。

有次煮好海帶時，父親把一截海帶蒂掐下來，讓我吃。脆脆的，筋倒耐嚼，還有一種獨特的海腥氣。我以後知道這個可能，每次從晾曬的海帶下面穿過，就順手撕下一片來吃。

曬乾的海帶比煮熟的海帶縮小一倍，曬薄的海帶像「海帶紙」。父親用一條繩子捆起來，怕受潮就裝在白塑料袋裡，吃前取時，乾海帶嘩啦嘩啦響。

家裡常做的一種熬菜是海帶燉白菜，啥佐料都不要，兩者都是清一色的分明，直到煮「麵」，吃時澆上我姥姥淋的清醋，這種熬菜風味獨到，我在飯店從來沒有吃到過。

在普通人家的家庭菜譜裡，海帶一直穿行，它一定糾結找許多人家的記憶。像那些緊緊抓著時間的海帶扣，繫著舊事。

現在，該我來洗海帶，我沒有耐心，總覺得父親永遠在小院裡，坐一方馬紮上，頂著寒風，父親有耐心，一條一條在摩挲海帶。那一道橫穿小院的粗鐵絲上透出一層蘚苔般的黑鐵銹。

2012.11.16　客鄭

存目：海帶扣的打法

這一段是另補：

一條海帶剪成數條條狀，擰過來，每條上打十餘個小結，儘量等距離，這樣看著好，最後再一一剪掉，中間成了小綠扣，這就是海帶扣子。

想想有一點像古人的結繩記事，不同的是海帶上面拒絕歷史和猛獁，海帶必須要剪斷情節。打海帶扣子的目的是為了討好食客的味蕾。我認為更有使用目的，主要為了執筷好叨。

世上沒人記下海帶扣的打法了。

人一熱鬧喧囂，就要細處遺忘。需要清心降火。需要吃海帶扣。

2012.12.12　鄭州

鹽事三帖

「鹽務大臣的駝隊在七百里以外的海湄走著」。

——瘂弦詩句〈鹽〉

〇

我經歷過三次最有印象的鹽事。

一

頭一件鹽事是兩個內容，其實按性質可以合成一件。

△：在鄉村小學上學，課文裡說當年紅軍被困，吃鹽困難。人民群眾設計裝在

竹竿裡運送，支持革命。後來反革命管卡查哨，圍困革命。一個狡猾的反動派用刀子砍開，嘩地一聲，流出來的都是鹽。

△：河北當年有一個貧苦人家的女兒，被地主催債逼逃到深山，在深山裡數年吃不上鹽，頭髮都變白了，成了一位傳奇的白毛女。

頭髮變白是萬惡的舊社會造成的。無鹽。

二

到了一九八八年那年，北中原縣城刮起搶購風，有人賣自行車，賣成捆的布匹，有搬醬油，有賣醋的。一個共產黨領導下的新社會的人民都在搶購。

那一年我二十四歲，意氣風發，正當盛年，我跟隨著父親，父親揣著為數不多的票子，提著一條空蕩蕩的遼闊的布袋，在大街上毫無目的地盲逛，最後掏出帶有體溫的票子，到鹽業局買回一百斤大黑鹽扛回家。回家沒地方放，就裝到大甕裡。

父親說，這是海鹽。母親笑著有點埋怨。

我說，鄰居家還有買了一百箱火柴，十箱陳醋，十台電風扇的。

後來鄰居問我要嗎？

我說，我家已有了四台，你們就全部打開一起轉吧，一個夏天都是涼的。

三

二〇一一年日本地震了，我要捐款，一位失業下崗的同鄉門衛大爺制止，說，震死他們個狗日的，這叫報應，當年在咱縣小渠村，日本一天就殺了咱六、七百口人。

我想起姥爺說過後背都被一把東洋刀劈過。棉花翻飛。

大家一直認為今日日本人還是七十年前來村裡掃蕩的日本鬼子。

家裡人從小縣城叫來電話，說你在鄭州趕快開車拉來一百斤鹽吧？要鹽幹啥？

家裡人說，全縣城把鹽都搶瘋了。日本核電站爆炸對中國有影響，多買些食鹽可在關鍵時候用來防輻射。山東往東的海水都被日本人放射汙染了，中國沒法再提煉鹽了，食鹽一旦庫存不足就會引起漲價。

我就問門衛大爺，會嗎？

見多識廣最後下崗的門衛大爺說，以我熬過去五十年的經驗來看，這有可能。

回家後，我果然看到書房裡擺上一百斤上好的食鹽。在醃製曹雪芹，醃製托爾斯泰，醃製莎士比亞。醃製周樹人。

以後的日子裡，全家開始醃雞蛋，醃鵝蛋，醃鴨蛋，醃鵪鶉蛋，該用的都用過了，想不到再醃製何蛋了，醃扣子？眼前還有白花花的食鹽。

書房有一張八尺畫案，就想到畫畫，在紙上先撒一層鹽水，然後再潑墨，紙上就有一種煙雨迷茫的意境，覺得畫面出現一種想不到的深刻思想。我題上「大雨落幽燕」以壯聲威。

這是小時候父親教我背誦的毛主席詩句。

那時不知道鹽有這種紙上功能。

2012.11.27　客鄭

以香計時（關於灶臺上的一種鄉村時間）

灶臺上的時間也有「鮮嫩之分」，過多和過少的時間都不是啥好時間。超時會使蔬菜炒老，時間不夠菜會夾生。

火候的秘訣在於時間。

做飯首先掌握灶臺上的時間，我姥姥是憑經驗，看鍋蓋上面聚散的蒸汽形狀來斷定蒸饃的程度，有點近似出征前諸葛亮觀天氣。

其次，才是燃一棵細香計時。

平時蒸饃，我看到更多是燃一棵細細白麻杆，她先用指甲在麻杆上掐個印痕，算是定時座標，插在牆縫裡，讓我盯緊點，說，燃到這裡就喊一聲。

離時間最近的是那一枝細細白麻杆。

白麻杆還是我姥爺日常點煙的一種燃具，節省火柴，打火機。我多是用燃過的白麻杆頭在胡同牆上寫字。青磚透黑字。寫「某某是大狗蛋。」在同學裡，我識字最多，會花樣翻新來組合那些傳統詈罵詞語。

一棵白麻杆燃到一定程度，止住風箱，姥姥不燒鍋了，開始抽火。說「起饃。」

於是就起饃，姥姥一邊起饃手上還要一邊蘸水，便於利手。

灶台時間比不上瑞士鐘錶準確，有微小失誤，譬如某一棵麻杆受潮度的影響，被露水打濕，被村霧感染，都會造成鄉村不真實的時間出現，結果是鐵鍋被燒乾，鐵鍋乾咳，發出一屋焦糊味。

姥爺說，當年明福寺裡的小和尚出家，在頭頂點幾個黑點標記，沒有檀香時候就會用麻杆來點。

這才是我關心的事情，緊著就問一句：「疼不？」

我對鄉村時間最早的概念就來源於灶臺上的一棵白麻杆。時間會使一鍋饃熟，也會使一個人蒼老。還會使長輩親人一一離你而去。一棵麻杆，明火暗火都會走動，時間一點一點後退，像我後來畫畫時墨色在宣紙上獨自前行。時間顯得慢慢騰騰，有形無聲。

2012.12.9　客鄭

羊外腰如作家之筆名

——當下食事一則

羊腰在村裡叫羊蛋，獸醫講的專業術語就是羊睾丸。過去在北中原村裡殺羊，一般都餵狗了，現在社會講品味，流行羊腰，一時成了佳餚。也是一種與食俱進。

羊腰有內腰外腰之分。外腰是羊腎，內腰是羊蛋。但一般統統稱為羊外腰。

功夫在睪丸之外。羊外腰有一股騷氣，清煮時候需要佐以大料控制，以大蔥爆炒腰花出名，這是豫菜裡的一道名菜，還有與之相關的菜叫杜仲腰花，涼拌腰片，近來以燒烤腰花最盛。我認為，羊外腰最好趁熱來吃。

夏天，街頭燒烤羊蛋的生意分外好，夜空近些年大氣污染，原來就模糊，看不見星星，現在加上焦煙瀰漫，也看不見羊蛋了。這個年代，人們似乎都需要補腎，再補，需要吃羊蛋，再吃。

對岸山東菏澤有一家冷凍廠，專門供應羊內腰、外腰、板筋、脆骨、心管、羊頭、羊腦、羊蹄筋、羊鞭、牛鞭諸寶。

一次，我在馬寨黃河渡口采風，發呆時候看黃河東流去。河對面就是黃巢的曹州。我看到一個黑大漢從對岸往船上搬運筐子，大漢魁梧，有點像山東過來的黑旋風。河風一吹，筐子透出一絲異味，還捎帶了幾顆蒼蠅。

我問啥寶貝啊？大哥。

操！你咋說話的？

我恍然想起山東要尊稱二哥不能叫大哥。

他說是兩筐羊外腰。

咋能這麼多？那得殺多少隻羊。

漢子嘟囔著：我們那裡人都不吃，都嫌膻氣，就你們對岸長垣人腎虛，土豪都有錢，喜歡吃這騷呼呼的雞巴羊蛋。

2013.8.8

元寶骨・我和坡公（簡單描述一道小菜）

新菜要常中生巧，平中出新。

啃豬蹄本是件粗吃，俗相可以做成雅。豬蹄關節中間有一塊軟骨，兩個指甲蓋大小，叫元寶骨，是以型命名。四個豬蹄便有四個元寶骨，前腿的小，後腿的大。製作時略炸，輕煮。加生洋蔥片。這道菜特點是香而不膩。

世上發明都是閒心生出。閑能生事生扯淡。潘金蓮是閑出的。因此，坐監獄如果能心定下來，易產生科學家。如果緝拿批捕，惱羞成怒，只好易出作家。故，一種公式如下：

囚徒＋時間＝愛因斯坦或巴爾扎克。

蘇東坡是另案。他把中國古典的豬雜碎推向了烹飪史的高潮，我寫過他的《豬肉頌》一詩。豬蹄上的那塊元寶骨是他當時沒有發現的。他主要側重豬頭肉之建設。

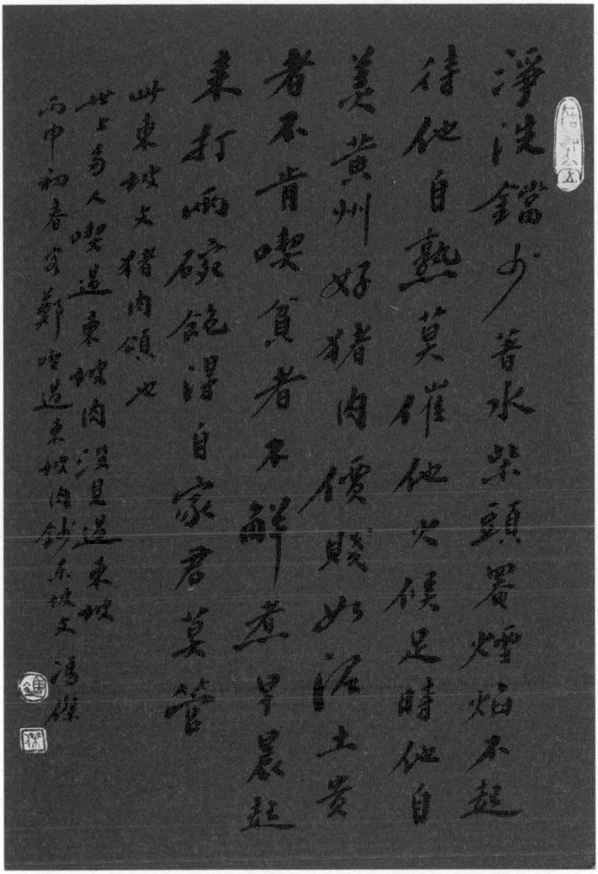
淨洗鐺少著水柴頭罨煙焰不起
待他自熟莫催他火候足時他自
美黃州好豬肉價賤如泥土貴
者不肯喫貧者不解煮早晨起
來打兩碗飽得自家君莫管
此東坡文豬肉頌也
世上多人喫過東坡肉沒見過東坡
丙申初春寫鄭喫過東坡肉鈔東坡文 鴻傑

我修行不濟，從文習畫沒有拜過老師。這些年來，我心儀私淑蘇東坡，媚俗的話，我願意拿出我全部的詩文，和蘇東坡共處一個有竹的月夜。

約會的畫面可穿越，也可提前設計如下演習：

髯公大嚼豬頭肉，我一邊小啃豬蹄。

後面必須挺立兩棵朱砂竹。

以上是一段近似豬尾巴般婉曲的閑文字。僅僅是說元寶骨嗎？

2012.4.1　客鄭

2014.5.19　補充

壓瓜經・細節的存檔（寫給堂侄的知識）

草木自有順序。棗樹發芽時節方可種瓜。

我堂侄子說石榴樹發芽、木瓜樹發芽時照樣也種。請你不要抬杠。

種瓜系列裡，瓜大小皆有，只有種西瓜才配稱大瓜。西瓜從下種到成熟共一百天，從秧上坐紐到成熟只有二十八天。

每個人自執的壓瓜鏟都不外借。姥爺的一柄壓瓜鏟巴掌大小，棗木飾柄，整日在沙土裡打磨，薄如蟬翼。洗臉後你不用照鏡子，用鏟子晃一下就行了，照見鬍子五蘊皆空。西瓜秧長到一尺長時開始壓瓜，再長一尺時，再壓一次，再長，再壓。長，壓。反覆要壓十次。

不壓瓜秧的結果很嚴重：風一吹，它們都要翻秧，像魚翻白肚，瓜秧會被曬黃。

看瓜
不是動詞
而是名詞
故鄉有一
種瓜就叫
看瓜也
更為時髦
一種鄉間的
擺設 甲午秋撿拾
兩年前舊作為之補字 馮傑

我姥爺除了懂「相馬經」，還會說「壓瓜經」。他這樣講壓瓜技巧：「說是壓瓜，實際是把西瓜葉子壓住，不是直接壓住瓜秧。」

沙地種瓜最宜。壓瓜時要學會留杈，一尺遠距離依次留三根杈。一根杈上留一顆瓜，如果主杈上沒有分杈上的瓜長勢好，要當機立斷，留分杈上的瓜。皇帝要敢於去嫡立庶。

一棵瓜秧上留一顆瓜做紐。這是植物的優生學。

瓜長到雞蛋大小，要把前面的瓜秧捏扁，不讓它長得旺氣太盛，太旺盛坐不住果。用現在話叫低調。現在官二代多有瓜蛋太盛的傾向。一柄瓜鏟和低調無關，和鐵銹有關。

最好一天澆兩次水。不能直接澆到瓜秧上，瓜秧怕水淹。在瓜秧旁邊澆，叫偷澆。西瓜也喜歡春風化雨之類的軟方式。

施肥不能用尿素化肥。那樣長出的西瓜不甜。用大糞、豆餅俱可。豬糞最好，瓜田裡的香附草最怕豬糞，我叫「地地蓼」。滑縣的「衛香附」中藥成色足。西瓜田裡就怕這種草，它是地下隱藏一種綠色的暴動，滑縣的衛香附們會埋住瓜秧，蔓延大地，鄉村再優秀的瓜蛋蛋從此不會有出頭之日。我知道豬吃草，沒想到豬糞也吃草。豬糞也會叫喚？

最後說護瓜，在瓜紐下封一個土坡，讓瓜紐墜在上面往下長，面相朝陽。五官端正。我姥爺的三畝瓜田裡，那些看到陽光的西瓜內心最甜。

新華社在晚間新聞裡播報：說到河南西瓜打催熟劑在夜裡一一爆炸的消息。我少年時代寫過的「西瓜美學」詩句，一時間能拉開距離。

那一年，我把姥爺的那一柄壓瓜鏟丟了。

想想，竟是在一次種「黑美人」的西瓜時丟的。瓜子如痣。想到那個人，使我心疼到現在。

2014.5.25　在院裡搭黃瓜架

飲酒三聖

——鄉村異人酒傳之二

村裡有知名的「三飲」，近似唐代八飲，八仙。

首飲：民辦教師趙天麻。二飲：光棍漢李布袋。三飲：豆腐坊楊老八。後兩者只是單純來飲酒，有菜無菜均可。首飲趙天麻顯得最有文化，特點是飲後必吟，得占一首詩。

我的白話導師胡超白先生一向看不起他。

一次酒後，他給我拿來一首詞，說是自己前日酒後所寫，喜歡婉約，喜歡李後主，當時就想學李清照，填《如夢令》。

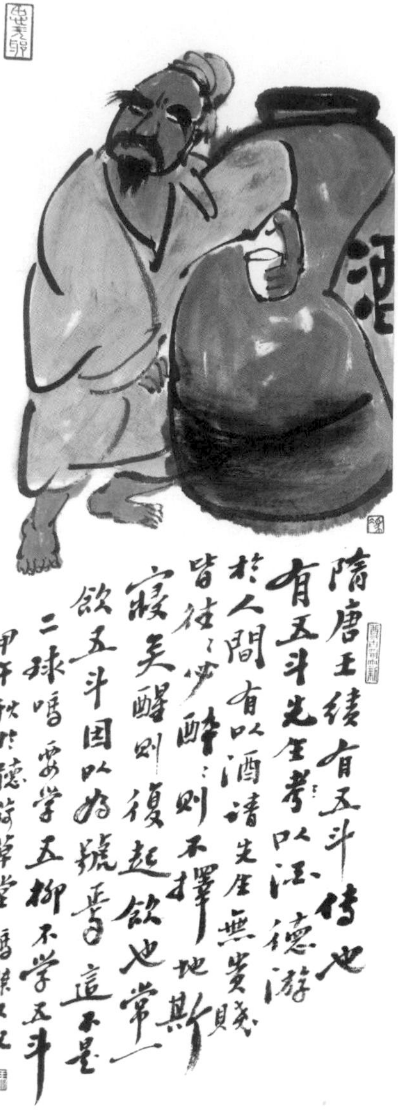
甲午秋於聽荷草堂 馮傑又記

夜飲白酒過度
沉醉不知歸路
興盡想出酒
誤入廁所深處
嘔吐，嘔吐
驚起蒼蠅無數

我好文學，眼界很高，學術上我不便深說，就說好意境，乃大俗透雅之美，喝到這程度還能填詞，可見一身的好文采能帶動酒量。能再上半斤道口酪餾。

這是二十年前的一則酒事。後來趙氏涉及一則「反標事件」，被李書記抓到監獄。屬後話。暫存目。

2010.12

飲者參考存單

——鄉村異人酒傳之三

全村猜枚最好的是老光棍趙布袋。

趙布袋善飲，一輩子幾乎成了一條酒布袋。酒是何物？酒是晚秋回家的一條細布袋，裝滿快樂。他如果能在胡同口一閃，胡同底馬上就會灌滿酒氣。我二大爺笑他，說如果他一年秋後打下兩布袋糧食，其中一布袋必來換成道口的「小雞蹦」燒酒。

趙布袋佣了大半輩子好枚。他最擅長的是「魁五首」之猜枚大法。

實戰中有「攻枚」和「守枚」兩種戰法，這種「魁五首」的猜枚之法近似一種守枚，特點是必須守定，以不變應萬變。猜枚時不出其它數目，單單只出「五」，發喊時多為：「有魁，魁五斤，五斤魁，魁魁魁，魁魁五，再魁魁。」掌上變化，如五朵梅花，花開花落，寵辱不驚。一個桌子他一人連續猜一遍，號稱「過圈」或

「打關」。

村裡的枚法日常使用的有三種方式。以上是第一種。

第二種是「猜有冇」。取一個紙團或一顆豆子，手中搖晃一下握住，主方讓對方猜。

第三種是「老虎杠」。拿一根筷子敲酒碗或盤子，雙方約定喊「杠子」、「老虎」、「蟲兒」、「雞兒」。規律是老虎吃雞，雞吃蟲子，蟲子拱杠，杠打老虎。一輪三杯酒，輸一次飲一盅。興致高時雙方可戰六七輪，近似我姥爺講過的岳家軍車輪大戰。

有一天，李書記的工作隊來了。熱鬧了一些日子，把全村的雞鴨吃光了。以後的猜枚法裡忽然又加了一個「幹部」。有人暗笑。猜測是民辦教師趙天厤的詭計。

趙老師說，俺哪有這麼大的腦筋，是那一個長著一臉絡腮鬍子像鞋刷子頭髮像一叢風中荒草的人教給我的。

這種枚上的順序調整為：幹部吃雞，雞吃蟲兒，蟲拱杠，杠敲老虎，老虎吃幹部，有「幹部」這一元素的出現，猜枚時更得費心機，

趙布袋以後飲酒勝率忽然少了。

2016.1.31　客鄭

一些北中原的歇後語．吃

——馬廄裡俗語之散記

馬老六吃餃子——心裡有數。

馬老六剝蒜——瞎扯皮。馬老六是說書盲人。最拿手是唱「蓮花落」。一手全拿，見他腳蹬樂器，手敲樂器。說得滿地月光，一天月華。我的語言節奏就來源於他。

歪嘴騾子買了個驢價錢——吃了嘴上嘞虧。是說鑄鏊子的孫炳臣之死的故事。

辣椒上面吊茄子——紅得發紫。滑州縣委的李書記。因工作關係來我們村住過，叫「住隊」。他說抓誰就抓誰。

茶壺裡煮餃子——肚裡有貨倒不出來。民辦教師孫百文就是這一類。

雞蛋殼裡發麵——沒多大開頭。上課時，孫百文有時竟這樣來說我們。他課下解釋，這主要是激發學志，沒有別的意思。

豆腐渣貼門神——不粘板。那一年第一次考高中，我就是這樣的下場。

老鼠調到鍋裡——白搭了一鍋湯。

嘴裡嚼大蔥——說話帶辣味。隱喻我二大娘的行狀風格。

刮大風吃炒麵——張不開嘴。有一次說到求人借東西的事，我姥姥我說小小年紀就不好求人，就是「張不開嘴」，臉皮薄。馬家莊的馬小喜，村裡人說起他那一個和炒麵有關的故事，就唏嘘一下，說說也就過去了。

一嘴吃個鞋幫——心裡有底。一雙鞋分鞋幫、鞋面、鞋底（有一種帶鞋帶），有時鞋面上還繡花。我後來在一篇散文裡寫過一個人投井前，在井沿留下一雙鞋，寫到「鞋面上飛著一隻布穀鳥」一句，評委說我寫得矯情。這是相隔，沒有深讀，隱喻，不知道我是寫鞋面上的某一種繡花。我們村裡的女人有這個手藝上的習慣。

裁縫丟剪子——光剩尺（吃）了。說好吃懶做。你不吃就會餓死，你是「吃貨」又會不得人心。引申一下，光棍李布袋堅守寂寞，堅守了四十五年，終於從柿園村娶來一個媳婦，媳婦那不會過日子，是個吃貨，村裡都說她是「吃嘴不做活，串門說瞎話」。瞎話在村裡發音為「瞎火」。平聲。

嘴巴上掛油瓶——油嘴滑舌的。我姥姥說村裡隊長家的媳婦就是這一號人。

包子張嘴——露餡。有時也形容村東燒雞鋪的李老大，他在燒雞肚裡放秫秸稈的例子。

還有一個，叫「矇著被子放屁——獨吞」。也與吃有關。這一條你可以人物對照一下，看看是說村裡哪一位？

2014.8.12　客鄭

Z

脂油渣（對《脂油》一文的補充）

脂油渣與平民，與生計，與小胡同，與小孩子這些基本的概念有關。脂油渣是窮人的一道小葷菜，在我的牙縫裡，擔當的角色極為獨特。

上世紀六、七十年代，在一個偌大中國，都是憑票供給，在我住的孟崗小鎮上，有布票，麵票，糧票，肉票，油票。都是肥肉貴於瘦肉，豬脂肪大於豬尾巴。提煉豬油的過程在我家叫「耗脂油」，一個「耗」字傳神，就需要你慢慢來熬，熬幹時光。把豬肉脂肪切成指甲蓋子大小，耐心來入熱鍋。

這種灶上功夫多有我父親來掌握。

父親為了提高出油率，會把那些小小的脂油塊都熬得焦黃，堅硬，最後幾乎已近似小炭塊。在我的吃脂油渣經驗裡：好吃的脂油渣必須要耗得輕，裡面含油多，這樣夾在饃裡才油香四溢。

父親為了全家生活，每一次他都熬得很重，都是透支。它們在油鍋裡滋滋叫喚。幾乎要耗成鐵扣子了。最後才潷油。讓我們吃這些鐵扣子。

母親蒸花卷饅頭、咸饃時，會別出心裁，把脂油渣撒在上面，拌鹽、拌蔥花。脂油渣經常能變換著花樣出現，有時還把脂油渣剁在青菜蘿蔔裡，當包子餡，當餃子餡。

脂油渣的味道屬平民氣味，是鄉愁味道裡的一種。

在那些昏暗的燈光下，北中原的寒風聞到脂油渣的香氣，要穿越廚房。我蹲著，嗤哈著氣，在一方瓷盤子裡，用手指捏著那一顆顆面龐焦黃的脂油渣。

它們都像日子裡的小珍珠，會把漫長如一百年長的童年擦得閃著淡淡油色。讓生活裡有一種微亮的起色。

它們還像那一些扣不住單衣的小扣子。

2011.4.23

粽子和挑粽子的詩人

——一件和鄉土菜無關的現代詩事食事

事和食都有緣由。由一頓自助餐引起。

有一次開黃河詩會，見到一位邀請來的江南詩人，大家排隊吃自助餐時，他位處於我前面，詩人用鑷子挑粽子，挑一個不要，扔到大盤裡，，再挑一個，不要，扔到大盤子裡，連續挑了五、六個，結果沒一個要。不知道他是嫌粽子餡小還是嫌粽子葉大。

我站在後面。如果他不是客人，我會開導他一聲：吃一個！

好在我當時尊重早上的心情和院外的桂花香氣。我還是東道主。

中午挑選自助餐時，他出現，在選臺上旁若無人，不遮掩地打一個大噴嚏。口

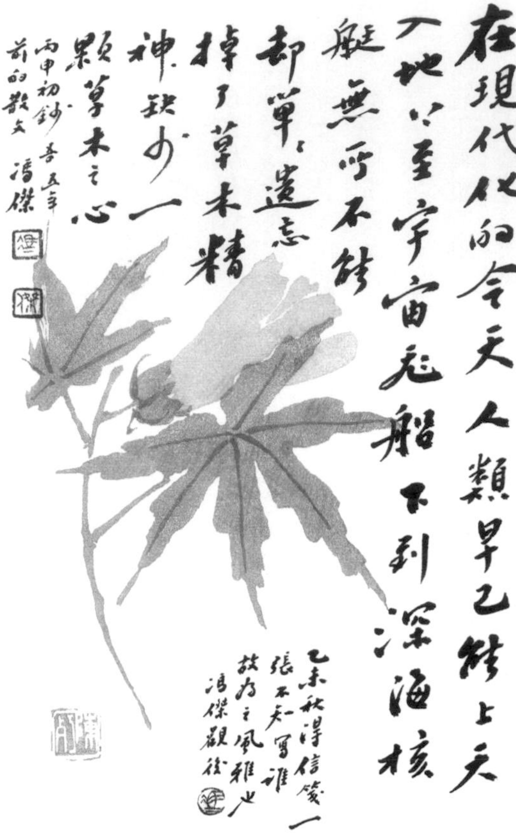
在現代化的今天人類早已能上天
入地以至宇宙飛船下到深海核
艇無所不能
却單單遺忘
掉了草木精
神缺少一
顆草木之心
丙申初秋書五年
前的散文 鴻傑
乙未秋得信箋一
張不知寫誰
故為之風雅也
鴻傑觀後

水噴薄四溢。

晚上，一輛車上坐五十位詩人和兩箱礦泉水，物與神遊，一齊去登封看大型情景劇《禪宗大典》，露天星光下，恰好這位挑粽子的詩人坐我前排偏右，他好動，從開始到結束都在向同座一位女同行賣弄見識，聲音大於了舞臺上的和尚念經。今夜不是幡動，也不是心動，一直是他的喉嚨在動。

孔雀的開屏夜間是看不到的。

我身旁一位王老兄看不慣，欲開導這一隻南方的非粽子。我拉住，止。說快看臺上牧羊女要出場了。

我想讓一顆江南粽子保持對中原的好感覺。

以後幾天裡，每次吃飯，我自覺和挑粽子的人坐得遠遠的，約有五百顆粽子的距離。我不喜歡的人也會不喜歡看他吃飯的姿勢，不喜歡聽他說話的聲音。

保持距離是一種禮節上的款待。古代月光都懂禮貌。

詩會結束兩天後，閒時細想，證明未修煉到家。都聽到和尚念經了，還包不下一顆粽子的涵養。想到那一位老廚師馬三強對我說過：葦葉，竹葉，荷葉，葉子不同，它們包出的粽子味道各不相同。

2014.9.28

紙經和紅箋

細紙繩子稱作「紙經」。

鄉村商店、供銷社日常包紮點心、糖果，都是一律用紙經。一大團紙經，一根細線環環抽出，售貨員在紙包上盤成一個十字扣，包紮好後，用手斬截一擰，紙經就斷了。

商店裡生意好的時候，一天能用好幾大團紙經。紙經的缺點是耐旱怕澇，一沾水就斷了。

小鎮上賣油饃的用柳條穿著，賣柿餅的用柳條穿著，買小魚也用柳條穿著。只有包紮糖果、點心這些吃物，適合用紙經。

其它的鋼絲、鐵絲、銅絲、麻繩、尼龍繩、豬鬃，都不宜捆紮糖果和點心。你捆不住巨大的空。像用自己的腰帶捆一匹老虎。

包紮妥後，點心麵上再加上一張紅箋，算是小招牌，像一方不顯山露水的廣告。

我放學路過供銷社，那裡瀰漫甜味，遲遲不走。我最好看那一位售貨員包梨

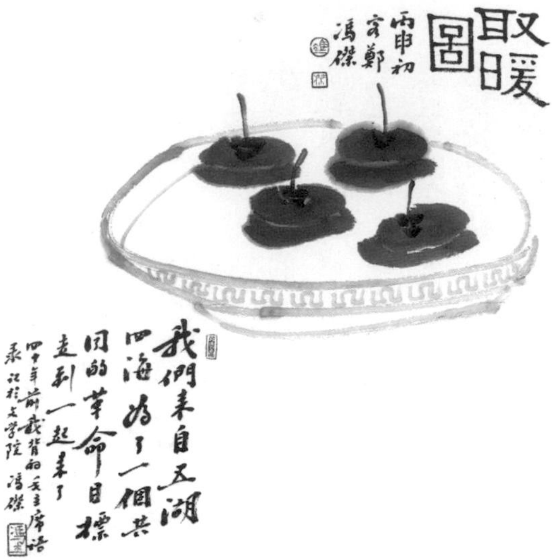
取暖圖
我們來自五湖四海為了一個共同的革命目標走到一起來了

糕。一來售貨員長得甜，二來草紙裡包的東西甜。嘩啦嘩啦，一屋子都是甜的聲音。我一邊咽一口唾沫。

我爸曾經很失落地對我媽說過，我姐姐申請了幾次都沒當上售貨員。

我們家太普通了，沒有靠山。在小鎮上，售貨員是重要職位，只有公社書記之類領導家的子女和他們的二舅們才能擔當。她們走起路來，一路雪花膏味。

一天，我在舊屋的牆縫裡鉤壁虎，掏出來幾片小紅箋，是姥爺吃完點心留下來的，敬惜紙張，他總覺得藏著的物件會有一點念頭，也許有一天能用到。

2013.9.25

炸菜角時不能誑語

（北中原一種立在灶台的規矩）

我姥姥炸菜角的目的有兩個：一是食用，再是上供。前一項不用多說，說多了無聊；後一項如今多無人來演習。

炸菜角屬一道素食，菜角形狀是半月狀。圓月狀的不叫菜角，叫糖糕。兩種食

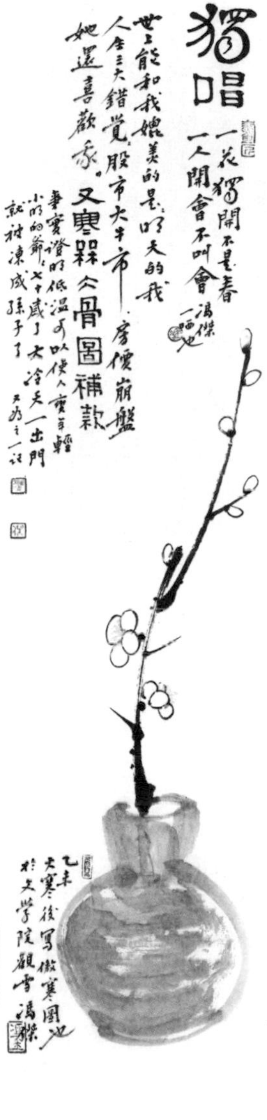

品都使用「燙麵」才合乎規範，餡使用韭菜細粉配雞蛋，吃起來才地道。

我從灶頭得來的經驗總結，操作標準是：鍋熱，炸時要保持對食物的敬重。西牆佛龕裡的灶王爺並沒有瞌睡，一直在朦朧的燈光裡監視。

姥姥炸菜角時，只管讓我專心添柴燒灶，囑咐不要說誑話，道惡語。否則，熱油會「嘭」，濺油燒臉。

不止炸菜角，包括炸油饃，炸油條，炸年糕諸類。我一直信以為真。

今秋一天，我在道口鎮參加一個歐陽修筆會活動，歐陽修當年在滑州任過知州，在這裡寫下《畫舫齋記》一文。裡面有「列官於朝，以來是州，飽廩食而安署居」的句子。我便推測，歐陽修也吃過滑縣的炸菜角。早上散步，滑縣人民遛狗者少，忙於生計。見街道邊支著一個大鐵鍋，一個婦女在炸菜角賣，油箅上擺滿一排金黃的菜角。

每個菜角都是貨真價實，像河南人一樣實在，足有半斤。我問價，她說兩塊錢一個，我說往年是五毛。她說早啦，現在啥都漲了，菜角也跟著漲了。

油鍋裡不斷推陳出新。更生動的細節是，旁邊兩個年輕人在吵架，祖奶三千日祖宗的，那一口油鍋顯得平靜，間距三尺，面對這麼多溢出鍋沿的誑話惡語，這一面油鍋竟寵辱不驚，全然不「嘭」。念佛了？

這一瞬間，我對自己童年堅持的那一種理論表示懷疑了。童年可信，從童年來到的當下不信，我就想，是否有什麼樣的人民習慣上就有什麼樣的一口油鍋？

那天吃菜角時一點都不輕鬆了。想多了，忘記了啥餡。

2014.10.11　滑縣

蒸饅頭的酵母（一道家傳的手工食方）

我姥姥說過一句我至今也認可的名言：「蒸饅頭靠的是一口氣。」這話不能細想，想一想，這句子足可以延伸使用到蒸饃鍋以外的世界。饅頭是否好吃，主要靠酵母。酵母不好，會變味道或蒸成「死面」。現代城市，不再使用手工酵母。穿行在飯桌上那些饅頭，由於化工原料的介入，個個像政治人物一樣臉色蒼白，面目可疑。在我稻粱謀的這一座叫鄭州的城市裡，已吃不到舊日鄉村饅頭的味道。

那是一種散發麥香的遙遠的味道。

我家一年四季蒸饃，一直都堅持使用自己配製的私家酵母。姥姥和母親都有自己做的酵母，叫「兜酵」。酵引子用面瓜瓤來拌制才可使用。

在鄉村，要留下自己的酵頭，叫「飵頭」。每一家流傳有序，都有屬自己家的

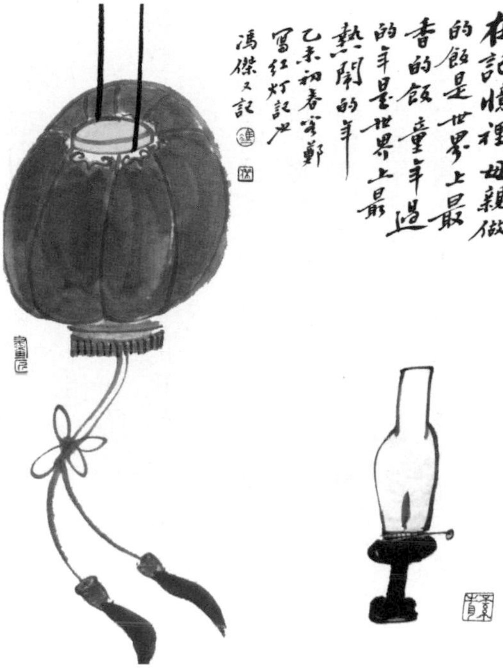
在記憶裡母親做的飯是世界上最香的飯童年過的年是世界上最熱鬧的年
乙未初春客鄭寫紅灯記也
馮傑又記

一種「酵母的傳承」。

一棵白麻杆燒完。到了我姥姥掀饃鍋的時候，她從來不讓我查數，尤其不能說「完了。」

鄰居們都說我家饃蒸的味道獨到，只要一掀鍋蓋，隔牆就能聞得到饃味。為此，四鄰八家蒸饃前經常來借酵母。我母親也樂於助人。把酵母分割得像小糖塊一般，用草紙包好。

母親去世後，才知道酵母也會是一種味道的缺席。

以後我家蒸饃前，要發麵了，便由妻子去借鄰居家的酵母。

母親沒有告訴我酵母的配方。

有一年在西藏旅次，在大昭寺外面的八廓街上，我看信徒在叩長頭，讓我驚心動魄。看到一塊塊奶酪做的糍粑，那一刻，我想起母親手下那些酵母塊的模樣。

整理廚房，我翻到一個小草紙包，聞聞，以為是什麼好吃的，打開一看，是一小塊酵母。想想我就一怔。小小一塊酵母，裡面都被小蟲子穿透，佈滿點點小孔。那些小孔相通，透著氣，還透著蟲語。

是母親當年留下或遺忘的一塊酵母。

院裡紫葛花開著，院外白槐花開著。鼻子裡，我聞到酵母瀰漫來強大的酸味。

2012.11.9　客鄭追憶

注釋它們

北中原韭菜合子永遠大於法國香水。

——偶記

在一座城市的子夜，以文字填補空虛。

我不按習慣的人名姓氏筆劃為序，我隨手寫出以下這些諳熟物名，是它們組織成了我的人生。

它們是：

菠菜。冬瓜。黃瓜。西瓜。南瓜。韭黃。蘑菇。平菇。香菇。洋蔥。茭白。大蔥，小蔥。大蒜。韭菜。韭黃。蒜薹。莧菜。芹菜。鮮筍。黑木耳。銀耳。金針菜。芥藍。苔菜。小白菜。大白菜。洋白菜。四季青。花菜。芥菜。蔓菁。桔

梗。辣椒。小辣椒。朝天椒。狗尿椒。苦苣。筍瓜。酥瓜。菜瓜。黃瓜。絲瓜。苦瓜。西葫蘆。倭瓜。冬瓜。南瓜。西瓜。北瓜。紅蘿蔔。白蘿蔔。山藥。扁豆。荸薺。毛豆。黃花菜。空心菜。木耳菜。萵苣。瓠。香菇。百合西紅柿。紅薯。茼蒿（初次聽到以為是能吹響的銅號）。豆角。豇豆。黑豆。綠豆。毛豆。豌豆。紅小豆（和鯉魚燉治過母親的肝炎）。小棗。柿餅。橘子皮。罌粟殼。薄荷。藿香。平菇。慈菇。油菜。土豆。燕麥。大麥。小麥。撚轉。茄子。蠶豆。花生。芫荽。茴香。紫蘇。芝麻葉。荊芥。芋頭，荔浦芋。紅薯。柳絮。榆錢。楮桃花穗。薑。白胡椒。黑胡椒。花椒。藕，藕就是蓮菜。木槿。槐花。葛花。這是我母親喜歡為全家蒸吃的那一種紫花。

它們佔滿一紙了，即使這樣還沒說完。它們每一棵如此之高大。世間每一個人都無法跨越菜蔬。

不要誤為我是一個菜販子。菜販子會如此堅持矯情來煮時間和風雨嗎？當佈局設以這些顏色時，總會在不經意的瑣碎裡漏下懷念。

2014.7.25　客鄭

【跋】

不必討好普天下所有人的口味

馮傑

1

這些文字是一種固定味道的延續，是我那部《一個人的私家菜》裡的餘味，是補充，是注腳。

它們氣味無誤地貫穿下來了，不同處在於前書裡說的是主菜，這裡講的多是輔菜。

一把菜刀切文字時掉在案下的碎屑。是一些可以餵廚房蟋蟀的文字。

2

世上一般的廚師要討好廣大顧客，跟隨著大眾的口味來做菜，必須媚食，媚時，媚世，為了市場經營。不然食客不買帳。

皇宮裡的禦膳廚師只討好一個人，要跟著皇帝口味來執勺，是為了「一個人的國家」。

另一類廚師不同，只管照自己的方法做菜，不考慮你是顧客還是皇帝，愛吃不吃，不吃去痾。你算哪一棵蔥？你有醬嗎？

3

以上這三種廚師都不算省心，我皆不學習。

我關門立灶。我不討好別人的舌頭和味蕾，只照自己的記憶來，做菜烹文，把玩腕底手段。設一張素宣，來做空虛之菜。做屬於「一家之鹽」的獨有菜。

我縣廚師在案頭常有一道工序，溫水理食材，術語叫「罰菜」。我引用起來則是「罰文字」。

安排在紙上的這些漢字，一顆連一顆，佈置得再好，也是俎案四周菜屑。日子一長，要被風吹乾，世上好看的文字永遠如過冬的一束豆角乾菜。

不用水，你得用心，慢慢來「罰」。

2013.4.20　穀雨時節於中原聽荷草堂

2015.11.11　光棍節一如筷子節．又補

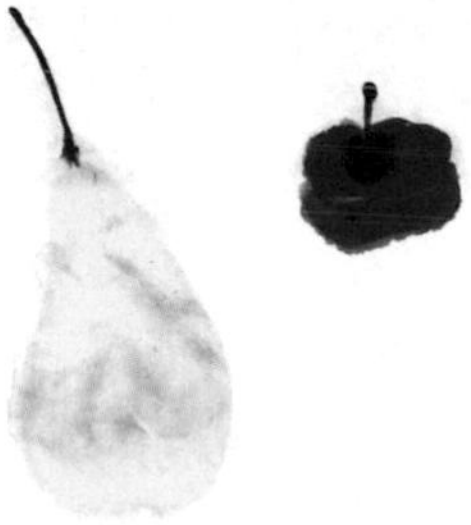

聯合文叢 612

獨味誌

作　　者／馮　傑
發 行 人／張寶琴

總 編 輯／李進文
責任編輯／黃榮慶
內頁排版／郭于緁
資深美編／戴榮芝
業務部總經理／李文吉
行銷企畫／許家瑋
財 務 部／趙玉瑩　韋秀英
人事行政組／李懷瑩
版權管理／黃榮慶

法律顧問／理律法律事務所
　　　　　陳長文律師、蔣大中律師

出 版 者／聯合文學出版社股份有限公司
地　　址／(110)臺北市基隆路一段 178 號 10 樓
電　　話／(02)27666759 轉 5107
傳　　真／(02)27567914
郵撥帳號／17623526 聯合文學出版社股份有限公司
登 記 證／行政院新聞局局版臺業字第 6109 號
網　　址／http://unitas.udngroup.com.tw
　　　　　E-mail:unitas@udngroup.com.tw

印 刷 廠／沐春行銷創意有限公司
總 經 銷／聯合發行股份有限公司
地　　址／(231)新北市新店區寶橋路235巷6弄6號2樓
電　　話／(02)29178022

出版日期／2017年3月　　初版
定　　價／360 元

ISBN 978-986-323-205-6（平裝）

國家圖書館出版品預行編目資料

獨味誌 / 馮傑作 . -- 初版 . -- 臺北市 :
聯合文學 , 2017.02
368 面 ;2.1 公分 . --（聯合文叢 ; 612)
ISBN 978-986-323-205-6 （平裝）
1. 飲食 2. 文集

427.07 106002183